# 家常面食，
# 一学就会

生活新实用编辑部　编著

江苏凤凰科学技术出版社

·南京·

图书在版编目（CIP）数据

家常面食，一学就会 / 生活新实用编辑部编著 . —
南京：江苏凤凰科学技术出版社，2021.5
　（寻味记）
　ISBN 978-7-5713-1478-1

　Ⅰ . ①家… Ⅱ . ①生… Ⅲ . ①面食 – 食谱 Ⅳ .
① TS972.132

中国版本图书馆 CIP 数据核字（2020）第 190564 号

寻味记

# 家常面食，一学就会

编　　　著　生活新实用编辑部
责 任 编 辑　祝　萍　洪　勇
责 任 校 对　仲　敏
责 任 监 制　刘文洋

出 版 发 行　江苏凤凰科学技术出版社
出版社地址　南京市湖南路 1 号 A 楼，邮编：210009
出版社网址　http://www.pspress.cn
印　　　刷　天津丰富彩艺印刷有限公司

开　　　本　718 mm×1 000 mm　1/16
印　　　张　14.5
字　　　数　200 000
版　　　次　2021 年 5 月第 1 版
印　　　次　2021 年 5 月第 1 次印刷

标 准 书 号　ISBN 978-7-5713-1478-1
定　　　价　45.00 元

图书如有印装质量问题，可随时向我社印务部调换。

# 导读 Introduction

# 家常面食
# 轻松上手

中国的面食种类可谓五花八门：香喷喷的包子、热腾腾的馒头、皮薄馅大的饺子、爽滑劲道的面条，还有各种烙饼、煎饼、烧饼、馅饼……这些老百姓餐桌上常见的面食不管是当主食还是当点心，都能给人满满的饱足感。

虽说包子、馒头、面饼这些都是很家常的中式面食，使用的材料也很简单，但想要做得好吃也没有那么容易，需要多下点功夫好好学习：究竟水和面粉的比例如何拿捏？面团要怎么醒发？怎么包馅料才会饱满多汁，又不会在蒸煮、煎烤的过程中裂开？诸如此类的面食制作方法和小窍门，本书将一一为您详解，让您可以轻松上手做面食，为自己和家人奉上一桌好看又好吃的面食盛宴。

本书分为"面条篇""饺子篇""包子、馒头、卷子篇""面饼篇"四大类别，涵盖了人们常吃、爱吃的大部分面食，最后还特别收录了"意大利面""披萨"这两类最受欢迎的西式面食，总计近400种超人气面食点心，是一本实用且全面的面食百科全书，对爱吃面食的朋友来说非常值得拥有。

备注：

| 全书 | 1大匙（固体）≈15克 | 1大匙（液体）≈15毫升 |
|---|---|---|
| | 1小匙（固体）≈5克 | 1小匙（液体）≈5毫升 |
| | 1杯（固体）≈227克 | 1杯（液体）≈240毫升 |

书中所用油若无特别说明均为色拉油，不再赘述。

# 目录 CONTENTS

## 单元 ① 面条篇

# 单元 ② 饺子篇

# 单元❸ 包子、馒头、卷子篇

# 单元❹ 面饼篇

# 单元⑤ 西式面食篇

# 面食常用 粉类介绍

### 低筋面粉

低筋面粉简称低粉，蛋清质含量低，筋性较弱，在西点中可拿来制作蛋糕或饼干。而运用在中点上，如有用到油煎时，就会呈现比较柔软的状态。建议可与中筋或高筋面粉一起调和使用，如此在制作含有内馅的糕饼类时，能较好地保住食物的水分与湿润的口感。

### 中筋面粉

中筋面粉简称中粉，蛋清质含量在8.5%以上，含水量约为13.8%，适用于做中式点心、面食等食品。因为使用最为普遍，中筋面粉又有"万用面粉""多用途面粉"的别称。

### 高筋面粉

高筋面粉是由小麦研磨而成，蛋清质含量和延展性最高，面团经发酵后制作出来的面食具有柔韧性，常用来制作面条、春卷皮和面包等。

### 地瓜粉

地瓜粉用途相当广泛，不仅可以用来勾芡，也可以调成油炸粉浆，还可以适量使用在点心中以增加浓稠度和口感。地瓜粉有粗粒和细粒两种，调面糊时用细粒的地瓜粉，口感较佳。

### 泡打粉

泡打粉又称速发粉或蛋糕发粉，是膨大剂的一种，经常用于蛋糕及西饼的制作。泡打粉在接触水分时，酸性及碱性粉末同时溶于水中而起反应，有一部分会开始释出二氧化碳，同时在烘焙加热的过程中，会释放出更多的气体，这些气体可以使产品达到膨胀及松软的效果。

### 澄粉

澄粉是一种无筋性的小麦淀粉，因为不含蛋清质，所以成品多具透明性，多被使用在外皮透明的食物上，如鸡冠饺、西米水晶饼等。

## 玉米粉

玉米粉又称"玉米面"，是由玉米直接研磨而成的黄色粉末，粉末非常细的称为玉米面粉，呈淡黄色。常用于制作面类食品，如煎饼、速冻食品等。

## 糯米粉

糯米粉的黏度较高。一般市售的糯米粉如非特别注明，都是生糯米粉。可以用来制作许多中式点心如麻花、年糕、汤圆等。

## 酵母粉

酵母粉添加在制作面包、包子、馒头的面粉中时，可以帮助面团膨胀，又有新鲜酵母、干酵母、速溶酵母之分。注意：干酵母应先将其泡在水中溶解，再倒入面团中使用。

## 在来米粉

在来米粉又称黏米粉，是制作许多中式小吃如萝卜糕、肉圆的主要材料。

## 小苏打粉

小苏打粉化学名为碳酸氢钠，也是膨大剂的一种，使用过多会有肥皂味。在点心中使用苏打粉，可增加点心的酥脆度。

# 制作面食 常用器具

## 打蛋器→

打蛋器的头端为钢丝制造，便于将粉类材料拌搅均匀或打发蛋、奶油等，也有电动式搅拌机可供选择，更加省力。

## 电子秤↘

称量材料重量的工具。传统式的磅秤难以准确地称量出微量的材料，而电子秤在操作上则较为精准方便，最低可称量至1克，在需要称量微量的材料时很方便。

## 刮刀←

要选用弹性良好的橡皮刮刀，可轻易地将黏稠的材料由钢盆或搅拌器上刮下，平常可用作轻微搅拌或混合材料、涂抹馅料的工具。

## 刮板↙

刮板有不锈钢及塑料两种材质，可用来混合材料、取出面糊，也可用来清洁桌面的面粉，是相当实用的工具。

## 擀面棍←

将面团擀开时使用擀面棍，可以让擀开的面团厚薄度一致。

## 刷子→

刷子可以用来去除面皮上的多余面粉，也可在面皮上刷上蛋液、奶水等以增加其光泽度，使用后需注意保持毛刷的清洁与干燥。

## 量杯→

量杯、量匙都是用来计算材料分量的器具，有多种刻度尺寸，可依所需做选择。

# 初学面食 Q&A

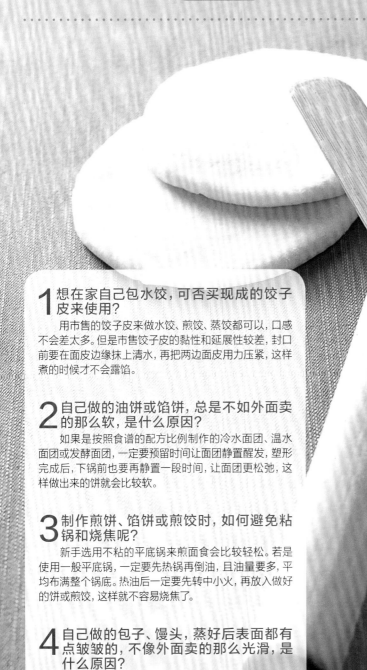

**1** 想在家自己包水饺，可否买现成的饺子皮来使用？

用市售的饺子皮来做水饺、煎饺、蒸饺都可以，口感不会差太多。但是市售饺子皮的黏性和延展性较差，封口前要在面皮边缘抹上清水，再把两边面皮用力压紧，这样煮的时候才不会露馅。

**2** 自己做的油饼或馅饼，总是不如外面卖的那么软，是什么原因？

如果是按照食谱的配方比例制作的冷水面团、温水面团或发酵面团，一定要预留时间让面团静置醒发，塑形完成后，下锅前也要再静置一段时间，让面团更松弛，这样做出来的饼就会比较软。

**3** 制作煎饼、馅饼或煎饺时，如何避免粘锅和烧焦呢？

新手选用不粘的平底锅来煎面食会比较轻松。若是使用一般平底锅，一定要先热锅再倒油，且油量要多，平均布满整个锅底。热油后一定要先转中小火，再放入做好的饼或煎饺，这样就不容易烧焦了。

**4** 自己做的包子、馒头，蒸好后表面都有点皱皱的，不像外面卖的那么光滑，是什么原因？

外面卖的包子、馒头，在揉面团时都会用机器来辅助，其力量较大，揉得更均匀，这是纯手工揉面团难以做到的，所以自己做的成品表面没有那么平滑有光泽，这是正常的。

单元 ①

# 面条篇

热腾腾的汤面、香喷喷的干拌面、料多味美的炒面，天天轮换吃不腻。

# 认识家常快煮面

### 鸡蛋面
特点：淡黄色细扁面，带有蛋香，有嚼劲
煮熟时间：1分钟/100克

### 阳春面
特点：细扁面，容易煮熟，口感软
煮熟时间：1分钟/100克

### 油面
特点：熟面，带有淡淡的碱味，口感滑嫩
煮熟时间：2分钟/100克

### 营养干面
特点：烘干包装零售，室温下可长期存放
煮熟时间：2分钟/100克

### 拉面
特点：粗圆面，口感滑嫩有弹性，耐久煮
煮熟时间：1.5分钟/100克

### 关庙面
特点：烘干零售，带有干货香气，柔韧耐煮
煮熟时间：1.5分钟/100克

# 煮面 小窍门

## 待水沸再入锅快速拌开

　　煮面时一定要等锅中的水沸之后才能将面条下锅，同时要快速将面拌开，避免面条粘结在一起，滚沸下锅可避免面条的面粉大量融入水中，使煮面水变得又糊又稠，面条也容易因泡水过度而软烂。

## 加油增光亮，加盐快速煮

　　煮面时加入少量油，可以让煮出来的面条滑溜光亮，与煮饭时可加少许油的道理类似。另外，煮面时加盐可增加面条软化速度，不需太长时间，就能煮出劲道刚好的面条。

## 捞起后需沥干水分

　　除非是干拌面需保留些许水分以利酱料拌散，否则都需将水分沥干。汤面这么做是避免含有水分的面条稀释了之后加入的汤汁，让味道变得不足；炒面中的油面先烫过再沥干，可延长面条的保存时间。

## 利用油分拌散防粘连

　　如果是面条快炒店，面条可先大量烫熟、煮好沥干，之后即可快速取用，不需再每次烫面，可节省不少时间，但这些烫好的面条最好加些油拌匀，同时要用筷子将其挑凉，避免久放之后面条粘连。

# 基础高汤 做法大公开

## 牛骨高汤 ↓

**材料:**
A. 牛骨头2500克、牛杂筋肉500克
B. 葱450克、老姜片150克、水15升、盐45克

**做法:**
1. 取一汤锅,将材料A以沸水汆烫去血水后,洗净备用。
2. 将汤锅洗净,放入做法1的材料及材料B,以中火卤煮4～6小时。
3. 将锅中表面的浮渣捞起丢弃,过多的浮油也一并捞起。
4. 卤煮至汤汁收干时,可再加少许清水继续煮至满4小时以上,至高汤量达12升时熄火。
5. 将锅里的煮料过滤,留下来的高汤就是牛骨高汤。

## 猪骨高汤 ↑

**材料:**
姜20克、水5000毫升、猪大骨2500克、葱20克

**做法:**
1. 猪大骨洗净剁开,加水(分量外)淹过骨头,用小火煮开,倒掉血水,再用清水彻底冲洗干净。
2. 深锅中放入全部材料,煮沸后转小火继续煮4～5小时,待汤汁呈现浓白色,熄火过滤即可。

## 肉骨高汤 ↑

**材料:**
猪大骨2000克、猪瘦肉1000克、水10升、姜150克、桂圆肉20克、胡椒粒10克

**做法:**
1. 将猪大骨及猪瘦肉汆烫去血水后,洗净备用。
2. 将10升水倒入汤锅内煮开,放入所有材料,以大火煮至再度滚沸,转小火保持微沸。
3. 捞除浮在表面的泡沫和油渣,再以小火熬煮约4小时即可。

## ←鸡高汤

**材料:**
鸡骨架1000克、火腿100克、洋葱2颗、水5000毫升

**做法:**
1. 将鸡骨架洗净,放入沸水中汆烫一下,洗净、沥干。
2. 洋葱去皮,与其他材料一起放入深锅中,用大火煮沸(随时捞除浮沫以保持汤汁纯净),转小火慢慢熬煮至骨架分离、有香气溢出,再熄火过滤即可。

## ↑海带柴鱼高汤

**材料:**
海带50克、柴鱼片50克、水2000毫升

**做法:**
1. 海带用布擦拭后,加水在锅中静置过夜(或静置至少30分钟)。
2. 将锅移到炉上,煮至快沸腾时,马上取出海带,再放入柴鱼片继续煮至出味(约30秒),捞除浮沫后熄火。
3. 待柴鱼片沉淀后,用细网或纱布过滤汤汁即可。

## 鱼高汤→

**材料:**
鱼骨头(虱目鱼)1200克、蛤蜊600克、姜5片、水5000毫升

**做法:**
1. 将鱼骨头洗净,放入沸水中汆烫,捞出洗净。
2. 待蛤蜊完全吐沙后,洗净,连同鱼骨头一起放入深锅中,加姜片与5000毫升水一起煮沸,捞去浮沫,转小火继续煮至鱼骨头软烂,熄火后用细网或纱布仔细过滤即可。

## ←蔬菜高汤

**材料:**
洋葱600克、胡萝卜150克、干香菇25克、圆白菜300克、西芹100克、青苹果250克、水3000毫升

**做法:**
1. 洋葱洗净去皮;胡萝卜洗净,切大块;香菇洗净,泡软备用。
2. 将所有材料一起放入深锅中,用大火煮沸,转小火,盖上铝箔纸(上面要戳洞),慢慢熬煮至所有材料软烂、香味溢出,熄火过滤即可。

## 综合高汤

可混合所需的各式高汤,依照口感喜好调制而成;也可以将所需的各式高汤材料直接混合熬煮(易烂的蔬果类可最后放入)。

# 红烧牛肉面

材料

红烧牛肉汤500毫升
（做法见P19）、拉面
1把、小白菜100克、
葱花少许

做法

1. 将拉面放入沸水中煮约3.5分钟，边煮边以筷子略微搅动，捞出，沥干水分备用。
2. 小白菜洗净，切段，汆烫约1分钟，捞起，沥干水分备用。
3. 取碗，将拉面放入碗中，倒入红烧牛肉汤和熟牛腱块，再放上小白菜段与葱花即可。

# 红烧牛肉汤 做法大解密

 材料

牛腱心2条、蒜仁3颗、红葱头3颗、姜50克、
牛骨高汤800毫升（做法见P16）、色拉油2大
匙、市售卤牛肉香料包1包

调味料

豆瓣酱2大匙、酱油1大匙、糖1小匙、鸡粉1小匙

做法

1. 牛腱心切成约2厘米厚的块后，放入沸水中氽
   烫，去除血水后捞起（见图1）。
2. 姜、蒜仁、红葱头洗净切碎，备用。
3. 热锅，加入油烧热，放入做法2的材料爆香，
   再加入豆瓣酱炒香（见图2~3）。
4. 加入牛腱心块炒约2分钟（见图4），加入牛
   骨高汤和卤牛肉香料包煮沸（见图5~6），改
   转小火煮约1小时。
5. 加入调味料拌匀，再捞除较大的蒜碎、姜碎等
   材料即可。

# 西红柿牛肉面

材料

西红柿牛肉汤适量、拉面1把、小白菜100克、葱花少许

做法

1. 将拉面放入沸水中煮约3.5分钟，期间以筷子略微搅拌数下，再捞出沥干水分备用。
2. 小白菜洗净后切段，放入沸水中略烫约1分钟，捞起，沥干水分备用。
3. 取一碗，将拉面放入碗中，倒入西红柿牛肉汤，加入汤中的熟牛肉块，再放上小白菜段与葱花即可。

## 西红柿牛肉汤

材料：熟牛肉300克、西红柿500克、洋葱150克、牛脂肪50克、姜50克、红葱头30克、牛高汤3000毫升、色拉油适量

调味料：盐1小匙、糖1大匙、番茄酱2大匙、豆瓣酱1大匙

做法：1.熟牛肉切块；洋葱洗净切碎；西红柿洗净切小丁；姜与红葱头去皮洗净后切末备用。2.将牛脂肪洗净，放入沸水中余烫去血水，再捞出沥干水分，切小块备用。3.热一锅，锅内加少许色拉油，放入牛脂肪块翻炒至出油，炒至牛脂肪呈现焦、黄、干的状态，即放入姜末、红葱头末与洋葱碎一起炒香，再放入豆瓣酱及西红柿丁略炒，最后加入熟牛肉块再炒约2分钟。4.将牛高汤倒入锅内，以小火煮约1小时后，加入其余调味料再煮15分钟即可。

# 麻辣牛肉面

材料

麻辣牛肉汤500毫升、宽面1把、小白菜100克、葱花少许

做法

1. 将宽面放入沸水中煮约4.5分钟，其间以筷子略微搅拌数下，捞出沥干水分备用。
2. 小白菜洗净后切段，放入沸水中烫约1分钟，再捞起沥干水分备用。
3. 取一碗，将宽面放入碗中，倒入麻辣牛肉汤，加入汤中的熟牛腿肉块，再放上小白菜段与葱花即可。

## 麻辣牛肉汤

材料：熟牛腿肉5000克、葱10克、牛脂肪50克、姜50克、红葱头30克、蒜仁30克、花椒1小匙、干辣椒20克、牛高汤3000毫升、色拉油适量

调味料：盐1/2小匙、糖1小匙、辣豆瓣酱2大匙

做法：1.熟牛腿肉切小块；葱洗净，切小段；姜洗净，去皮拍碎；红葱头洗净，去皮切碎；蒜仁切细末；牛脂肪汆烫去血水，捞出沥干，切小块备用。2.热锅加少许色拉油，放入牛脂肪翻炒至呈焦、黄、干的状态，加入花椒，再放入葱段，小火炒至葱段呈金黄色，继续放入干辣椒炒至呈棕红色，最后放入姜末、红葱头末、蒜末炒约2分钟。3.加入辣豆瓣酱以小火炒约1分钟，再加入熟牛腿肉块炒约3分钟，最后加入牛高汤。4.将做法3的材料全部倒入汤锅内，以小火炖煮约1小时，再加入剩余调味料煮30分钟即可。

# 兰州拉面

 材料

宽面200克、火锅牛肉片100克、葱末1小匙、牛骨1000克、碎牛肉300克、土鸡骨500克、水5000毫升

调味料

A. 盐1小匙
B. 草果2颗、桂皮15克、花椒1小匙、老姜20克

做法

1. 将牛骨、鸡骨洗净，放入沸水中氽烫后捞起，以冷水洗净。
2. 在做法1的材料中加入碎牛肉、5000毫升水和调味料B，以小火煮约6小时，过滤得高汤，再加入调味料A煮匀成汤底。
3. 宽面条放入沸水中煮约3.5分钟，捞起沥干水分，加入汤底备用。
4. 牛肉片洗净，放入沸水中氽烫，捞起沥干水分，放入面条中，再撒上葱末即可。

# 什锦海鲜汤面

 材料

A. 虾仁50克、鱿鱼肉50克、蛤蜊100克
B. 油面150克、市售高汤（或水）250毫升、大白菜60克、胡萝卜丝15克、葱段30克、色拉油适量

调味料

盐1/2小匙、白胡椒粉1/6小匙、香油1/2小匙

 做法

1. 将材料A洗净；大白菜洗净，切小块备用。
2. 热锅加入少许色拉油，小火爆香葱段后，加入材料A炒匀。
3. 加入高汤（或水）、大白菜块及胡萝卜丝煮开。
4. 继续加入油面、盐、白胡椒粉煮约2分钟，淋上香油即可。

# 锅烧意面

材料

炸意面1球、鲜虾2尾、蛤蜊3颗、鱼板2片、墨鱼3片、上海青1棵、鲜香菇1朵

调味料

盐1/2小匙、鸡粉1/2小匙、胡椒粉少许

做法

1. 鲜虾洗净，背部用牙签挑出肠泥；上海青、鲜香菇去头、洗净，备用。
2. 煮一锅600毫升的水（材料外），待水沸后，放入鲜虾、鲜香菇、蛤蜊、墨鱼、鱼板与炸意面。
3. 接着放入全部调味料以及上海青，待再次煮沸拌匀即可。

# 丝瓜蚌面

 材料

关庙面100克、蛤蜊150克、丝瓜250克、姜10克、水350毫升、色拉油适量

调味料

米酒30毫升、盐1/4小匙、细砂糖1/6小匙、白胡椒粉1/4小匙、香油1小匙

做法

1. 蛤蜊先浸泡在清水中使其吐净泥沙，洗净后放入沸水中氽烫约15秒至略开口，捞起沥干备用。
2. 丝瓜去皮后切成小块；姜洗净切丝。
3. 热锅加入约2大匙油，小火爆香姜丝，放入丝瓜块略翻炒，再加入水及米酒煮开。
4. 加入关庙面煮约1分钟，放入蛤蜊、盐、细砂糖及白胡椒粉，煮至蛤蜊开口后，淋上香油即可。

# 炝锅面

 材料

综合高汤250毫升(鸡汤、素高汤混合)、葱2根、西红柿1个、鸡蛋1个、猪肉片50克、阳春面1人份、青菜100克、色拉油适量

调味料

料酒1大匙、酱油1大匙

做法

1. 青菜洗净，葱洗净切段，西红柿洗净切片，鸡蛋打散成蛋液备用。
2. 起油锅爆香葱段，加入猪肉片炒熟，再加入西红柿片续炒至软，倒入蛋液，待稍微凝固再翻炒几下。
3. 沿着锅边炝酒并淋上酱油，逼出香味，再加入综合高汤煮沸。
4. 将阳春面烫熟，沥干后放入锅中，加入青菜一起稍煮即可。

# 打卤面

🍲 材料

营养干面100克、大白菜100克、竹笋40克、猪肉丝50克、胡萝卜30克、黑木耳15克、鸡蛋1个、葱花30克、色拉油适量、市售大骨汤（或水）500毫升、水淀粉2大匙

🧂 调味料

白胡椒粉1/4小匙、香油1小匙、盐1/2小匙

🍚 做法

1. 将大白菜、竹笋、胡萝卜及黑木耳洗净，切成丝。
2. 热锅加入少许色拉油，以小火爆香葱花后，放入猪肉丝炒散。
3. 放入做法1的材料及大骨汤（或水），煮开，加入营养干面、盐和白胡椒粉，转小火煮约2分钟至面条熟。
4. 用水淀粉勾芡，关火后将鸡蛋打散淋入，拌匀，再加入香油拌匀即可。

# 榨菜肉丝面

🍲 材料

细阳春面100克、葱花适量、榨菜丝10克、瘦肉丝150克、蒜末1大匙、红辣椒片50克、色拉油2大匙、肉骨高汤1100毫升（做法请见P16）

🧂 调味料

A. 盐1/4小匙、糖1小匙、鸡粉1/2小匙、米酒1大匙、香油适量
B. 盐1/4小匙、鸡粉1/2小匙

🍚 做法

1. 热锅，倒入2大匙色拉油，放入红辣椒片、蒜末、榨菜丝爆香。
2. 放入瘦肉丝、100毫升肉骨高汤及调味料A，炒至汤汁收干。
3. 加入1000毫升肉骨高汤和调味料B煮至沸腾，即为榨菜肉丝汤头。
4. 阳春面放入沸水中搅散，等水再次沸腾后再煮约1分钟，捞出，沥干水分，放入碗中。
5. 加入适量榨菜肉丝汤头，撒上葱花即可。

# 阳春面

 材料

阳春面150克、小白菜35克、葱花适量、油葱酥适量、高汤350毫升

 调味料

盐1/4小匙、鸡粉少许

做法

1. 小白菜洗净、切段，备用。
2. 阳春面放入沸水中搅散，等水再次沸腾后再煮约1分钟，放入小白菜段汆烫一下马上捞出，沥干水分，放入碗中。
3. 高汤煮沸，加入所有调味料拌匀，倒入面碗中，再放入葱花、油葱酥即可。

# 切仔面

 材料

油面200克、韭菜20克、豆芽菜20克、熟瘦肉150克、高汤300毫升、油葱酥少许

调味料

盐1/4小匙、鸡粉少许、胡椒粉少许

做法

1. 韭菜洗净、切段；豆芽菜去根部洗净；把韭菜段、豆芽菜放入沸水中，汆烫至熟捞出；熟瘦肉切片，备用。
2. 把油面放入沸水中汆烫一下，沥干水分后放入碗中，加入韭菜段、豆芽菜与瘦肉片。
3. 高汤煮沸，加入所有调味料拌匀，加入面碗中，再加入油葱酥即可。

# 担仔面

 材料

细油面200克、鲜虾1尾、韭菜段15克、豆芽菜20克、卤蛋1个、熟肉末100克、香菜少许、高汤350毫升

 调味料

盐1克、鸡粉1/4小匙、胡椒粉少许

做法

1. 鲜虾去肠泥，放入沸水中烫至变色，捞起去头和虾壳；韭菜段和豆芽菜放入沸水中略汆烫捞起。
2. 取锅，倒入高汤煮至滚沸，加入调味料混合拌匀。
3. 细油面放入沸水中略汆烫，捞起盛入碗中，放入做法1的材料和卤蛋、熟肉末，倒入高汤，再撒上香菜即可。

# 排骨酥面

 材料

阳春面150克、排骨块300克、白萝卜300克、地瓜粉150克、香菜少许、高汤800毫升

调味料

A. 五香粉1小匙、油葱酥1小匙、蒜泥1小匙、葱花1小匙、米酒1大匙、酱油1小匙、盐1/2小匙、糖1小匙
B. 盐1/2小匙、鸡粉1/2小匙

做法

1. 将调味料A混合均匀，再将排骨块放入其中，抓拌均匀，腌渍约1个小时。
2. 将腌好的排骨块沾上地瓜粉，用手抓紧实。
3. 将排骨块放入油锅中，炸至表面呈金黄色，约3分钟后捞出，即为排骨酥。
4. 白萝卜去皮切块，放入电锅内锅中，加高汤及排骨酥，于外锅加入1杯水，煮至开关跳起且白萝卜熟软。
5. 将阳春面煮熟，放入汤碗中，加入做法4的材料、调味料B及香菜即可。

# 排骨酥做法大解密

**1**

先将买回的排骨剁成约3厘米长的段，装进容器里，放在清水下冲洗后沥干。

**2**

腌料混合调匀后，再放入排骨翻动搅拌，腌渍约1小时。

**3**

将腌渍入味的排骨裹上一层薄薄的地瓜粉。

**4**

热锅，倒入适量的油，烧热至170℃时，放入排骨，以中小火炸约4分钟后，转大火炸1分钟至排骨酥呈金黄色，捞起沥油备用。

**5**

在油锅中加入蒜仁和葱段，炸约2分钟，起锅后和排骨酥一起沥油备用。

**6**

把排骨酥和蒜仁、葱段放进容器内，再加入适量的高汤后放置备用。

**7**

将分装好的排骨酥放进蒸笼内蒸约50分钟。

**8**

蒸好后的排骨酥略呈焦黄色，汤汁看起来清澈透明。

## 排骨酥美味秘诀

● 在腌渍酱料中多加入1个鸡蛋，可让排骨酥在沾裹地瓜粉时更容易附着不易掉落。而选择地瓜粉作为排骨酥的裹粉，是因为地瓜粉蒸过后不仅口感不会变差，吃起来还会增添酥软顺口的感觉。

● 新手炸排骨酥时，建议使用新油，因为炸过的回锅油不好控制，容易将排骨酥炸至焦黑。

## 排骨酥比一比

### 成功排骨酥

炸排骨酥时最重要的就是油温要足够，所以建议在热油锅后，可先放入少许地瓜粉末测试，如果地瓜粉末立即浮上油面，即代表可将排骨放入锅中油炸了。想炸出成功的排骨酥除了要在固定的油温下慢慢炸，起锅前转大火将排骨酥内的油脂逼出也是诀窍之一，如此才能炸出肉质不油腻、口感酥脆的排骨酥。

### 失败排骨酥

如果油温不足就放入排骨酥，会导致排骨酥因油炸的时间过久而外部焦黑。如果火候忽大忽小，没有掌控好，将会让起锅的排骨酥出现外部炸熟、内部却还未熟的情况。

# 香菇肉羹面

材料

肉羹200克、香菇2朵、红葱末5克、蒜末5克、胡萝卜丝15克、熟笋丝20克、豆芽菜50克、高汤700毫升、水淀粉1大匙、细油面200克、香菜适量、色拉油适量

调味料

A. 淡色酱油1大匙、盐3克、冰糖1/3大匙、鸡粉1/2小匙
B. 香油1大匙、乌醋1大匙、胡椒粉少许

做法

1. 香菇洗净、泡软、切丝，备用。
2. 热锅，加入1大匙色拉油，爆香红葱末、蒜末，爆至呈金黄色后取出，即成红葱蒜酥。
3. 锅中放入香菇丝炒香，加入高汤煮沸，再放入胡萝卜丝、熟笋丝煮约1分钟，接着加入红葱蒜酥，以及调味料A与水淀粉勾芡。
4. 煮一锅水，待水沸后，放入细油面拌散、烫约15秒，捞起沥干水分，盛入碗中，再将肉羹与豆芽菜放入沸水中略烫，盛入碗中。
5. 在肉羹面碗中加入适量做法3的羹汤，再加入调味料B拌匀，并撒上少许香菜增味即可。

# 肉羹做法大解密

🥔 **材料**

猪瘦肉200克、肥膘50克、
油葱酥5克、淀粉10克

🧂 **调味料**

盐1/2小匙、糖1/2小匙、五香粉1/4
小匙、胡椒粉1/4小匙、香油1/4小匙

🍚 **做法**

1. 猪瘦肉洗净，切除筋膜后以肉槌拍成泥（见图1）。
2. 肥膘洗净，以刀剁成泥（见图2）。
3. 将猪瘦肉泥放入盆中，加入盐拌匀后，用力摔打约10分钟，再加入其余调味料和油葱酥，继续摔打约1分钟（见图3~4）。
4. 将肥膘泥加入拌匀，摔打约3分钟后加入淀粉充分搅拌均匀，封上保鲜膜，放入冰箱冷藏约30分钟（见图5~7）。
5. 锅中加水至约6分满，烧热至水温为85~90℃，取出冷藏的肉泥，用食指切分成长条状（见图8），放入热水中以小火煮至浮出水面约30秒钟后，捞起沥干水分（见图9），并放凉即可。

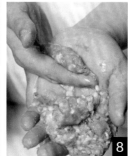

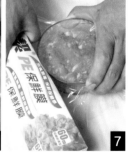

# 牡蛎面

 材料

油面200克、牡蛎100克、韭菜段30克、油葱酥适量、高汤350毫升、地瓜粉1大匙

 调味料

盐1/4小匙、鸡粉少许、米酒1小匙、白胡椒粉少许

做法

1. 牡蛎洗净、沥干水分，放入地瓜粉中拌匀（让牡蛎表面均匀裹上地瓜粉即可），再放入沸水中氽烫至熟，捞出备用。
2. 把油面与韭菜段放入沸水中氽烫一下，捞出放入碗中，再放入牡蛎。
3. 高汤煮沸，加入所有调味料拌匀，倒入盛面的碗中，再放入油葱酥即可。

# 鹅肉面

 材料

熟鹅肉100克、姜丝少许、葱1根、高汤500毫升、油面200克

调味料

鸡粉1/4小匙、盐1/4小匙、胡椒粉少许、香油1小匙

做法

1. 葱洗净切粒；熟鹅肉切片，备用。
2. 将高汤煮沸，加入鸡粉和盐拌匀，备用。
3. 煮一锅水，待水沸后，放入油面，拌散氽烫一下，捞起沥干水分，盛入碗中。
4. 在面碗中摆入葱粒、鹅肉片、姜丝，淋入适量高汤，最后加入香油及胡椒粉增味即可。

# 鱿鱼羹面

 材料

高汤2000毫升、柴鱼片20克、胡萝卜丁50克、白萝卜丁50克、水发鱿鱼300克、水淀粉2大匙、油面110克、罗勒适量

调味料

A. 盐4克、糖5克
B. 沙茶酱2大匙、白胡椒粉1小匙、鸡粉1小匙、香油1小匙
C. 辣椒油1大匙

做法

1. 高汤、柴鱼片及调味料A一起煮沸后滤渣，再加入调味料B煮匀，以水淀粉勾薄芡备用。
2. 鱿鱼浸泡在清水中至无碱味，洗净后切长块，放入沸水中氽烫至熟；胡萝卜丁、白萝卜丁放入沸水中氽烫至熟；罗勒洗净，备用。
3. 油面放入沸水中氽烫至熟，捞出沥干，放入汤碗里，加入鱿鱼块、胡萝卜丁、白萝卜丁，淋上适量做法1的汤汁，再加辣椒油、罗勒拌匀即可。

# 沙茶羊肉羹面

材料

油面200克、羊肉片100克、熟笋丝20克、蒜末适量、高汤500毫升、水淀粉1大匙、罗勒适量、色拉油适量

调味料

A. 沙茶酱1/3大匙、盐1/6小匙、米酒1小匙
B. 沙茶酱1大匙、酱油1/2大匙、盐1/6小匙、糖1/2小匙、鸡粉少许

做法

1. 羊肉片洗净沥干,备用。
2. 热锅,加入1大匙色拉油,爆香蒜末,再加入羊肉片拌炒,继续加入调味料A炒熟后,盛起备用。
3. 将锅重新加热,放入1大匙色拉油,爆香蒜末,继续加入调味料B中的沙茶酱炒香,接着倒入高汤、熟笋丝与剩余的调味料B,煮沸后用水淀粉勾芡,即为羹汤。
4. 将油面放入沸水中汆烫一下,捞起沥干水分,盛入碗中,再加入适量的羊肉片、羹汤,并加入罗勒增味即可。

# 鱼酥羹面

材料

鱼酥10片、干香菇15克、笋丝50克、干金针花10克、柴鱼片8克、油蒜酥10克、高汤2000毫升、香菜叶少许、油面150克、水淀粉125毫升

调味料

盐1.5小匙、白砂糖1小匙

做法

1. 干香菇洗净泡软后切丝;干金针花洗净泡软后去蒂。将上述材料和笋丝一起放入沸水中汆烫至熟,捞起放入盛有高汤的锅中,以中大火煮至滚沸,再加入盐、白砂糖、柴鱼片、油蒜酥,继续以中大火煮至滚沸。
2. 将水淀粉一边缓缓淋入其中,一边搅拌至完全淋入,待再次滚沸后盛入碗中,趁热加入鱼酥和香菜叶。
3. 将油面汆烫熟,加入适量羹汤即可。

# 酸辣汤面

 材料

A. 蒜末5克、姜末5克、葱末5克、红辣椒末10克、肉丝100克
B. 胡萝卜丝15克、黑木耳丝25克、熟笋丝25克、酸菜丝25克、鸭血（切丝）50克、老豆腐（切丝）50克
C. 高汤900毫升、水淀粉2大匙、鸡蛋1个（打散成蛋液）、手工面条175克、香菜适量

调味料

盐1/2小匙、鸡粉1/2小匙、糖1/2大匙、辣椒酱1/2大匙、陈醋1/2大匙、白醋1大匙、香油1大匙、胡椒粉少许

做法

1. 热锅，爆香材料A（肉丝除外），再加入肉丝炒至肉色变白后，取出备用。
2. 将锅重新加热，倒入高汤煮沸，再加入材料B拌煮约2分钟，接着加入调味料以及肉丝，煮沸后用水淀粉勾芡，并慢慢倒入蛋液拌匀，即为酸辣汤。
3. 煮一锅水，待水沸后，放入手工面条拌散，煮约1分钟后再加1碗冷水（材料外），继续煮约1分钟至再次滚沸后，即捞起沥干水分，盛入碗中。
4. 在面碗中加入适量酸辣汤，并撒上少许香菜增味即可。

# 正油拉面

材料

拉面110克、正油高汤600毫升、烫过的鲜虾2尾、烫过的笋干50克、玉米粒1大匙、葱花适量、鱼板2片、海苔片2片、奶酪片2片

做法

1. 将拉面放入沸水中煮熟，捞起沥干，放入汤碗中。
2. 加入正油高汤，再加上烫过的鲜虾、烫过的笋干、玉米粒、葱花、鱼板。
3. 食用前再加上海苔片及奶酪片即可。

## 正油高汤

材料：A. 猪大骨1500克、猪脚大骨1000克、鸡骨架1000克、鸡脚1000克 B. 洋葱250克、葱250克、圆白菜300克、胡萝卜300克、长葱150克、蒜仁75克 C. 水1500毫升、盐35克
做法：1. 将材料A洗净，放入沸水中汆烫去血水，捞出洗净备用。2. 材料B洗净，切大块备用。3. 将做法1的材料与做法2的材料放入大锅中，加入材料C以中火煮3~4个小时即可。

# 地狱拉面

材料

拉面150克、叉烧肉片1片、油豆腐2个、玉米笋3根、金针菇20克、上海青30克、麻辣汤500毫升

调味料

盐2克

做法

1. 玉米笋、金针菇、上海青洗净，沥干水分；玉米笋斜刀对切，备用。
2. 麻辣汤加入调味料煮沸，盛入碗中。
3. 将拉面放入沸水中煮约3分钟后，放入做法1的材料及油豆腐一起煮熟，捞起沥干水分，放入麻辣汤碗中，再放上叉烧肉片即可。

## 麻辣汤

材料：A. 牛脂肪100克、牛骨2000克、鸡骨3000克、水10升 B. 洋葱30克、葱段15克、姜片30克、花椒3大匙、草果3粒、干辣椒20克、辣椒酱50克、辣豆瓣酱50克

做法：将牛脂肪洗净，放入干锅中干炸出油，再放入材料B以小火炒5分钟，最后倒入汤锅，加入其余材料，以小火熬煮6小时即可。

# 猪骨拉面

材料

拉面150克、温泉蛋1个、烧海苔1片、叉烧肉片1片、葱丝20克、猪骨高汤500毫升（做法见P16）

调味料

盐1小匙

做法

1. 温泉蛋对切备用。
2. 将猪骨高汤加入调味料煮沸，盛入碗中备用。
3. 将面条放沸水中煮约3分钟，捞起沥干水分，放入猪高汤碗中，再放上温泉蛋、叉烧肉片、烧海苔、葱丝即可。

# 味噌拉面

 材料

拉面150克、虾仁50克、小章鱼30克、鲟味棒1根、泡发鱿鱼80克、葱丝20克、猪骨高汤500毫升（做法见P16）

 调味料

A. 盐1/4小匙、米酒1小匙、细砂糖1/4小匙
B. 味噌100克

做法

1. 鱿鱼洗净切花；鲟味棒对切，备用。
2. 虾仁、小章鱼洗净，沥干水分备用。
3. 将味噌放入猪骨高汤中化开，再加入调味料A一起煮沸，放入做法1、做法2的材料，一起煮沸后盛入碗中。
4. 将面条在沸水中煮约3分钟，捞起沥干水分，放入汤碗中，再放上葱丝即可。

# 盐味拉面

 材料

家常面150克、鱼板3片、火腿肠1根、鲜香菇2朵、荷兰豆荚3个、市售卤笋干80克、熟蛋1/2个、鱼高汤500毫升（做法见P17）

调味料

盐1小匙

 做法

1. 火腿肠对切；荷兰豆荚去蒂洗净，沥干水分，备用。
2. 将鱼高汤加入调味料一起煮沸，盛入碗中备用。
3. 面条放入沸水中煮约3分钟，再放入做法1的材料、鲜香菇、鱼板、卤笋干、熟蛋即可。

## 鱼高汤

**材料：**鱼骨1000克、鲢鱼尾2000克、鲫鱼1000克、水10升、老姜200克、葱50克
**做法：**鱼骨及鱼肉用适量油煎至焦黄，放入汤锅，加入其余材料以中火煮3小时即可。

# 酱油叉烧拉面

### 材料

拉面（汆烫）1人份、猪梅花肉200克、姜片5片、水1000毫升、柴鱼素3克、市售卤蛋1/2颗、市售卤笋干30克、海带芽（泡发后汆烫）30克、豆芽菜（汆烫）50克、葱花适量

### 调味料

酱油50毫升、味醂30毫升、蚝油10毫升

### 做法

1. 取锅，放入猪梅花肉、水与姜片，煮约30分钟后（中途捞除浮沫）取出，加入柴鱼素，熄火，即为高汤，备用。
2. 取50毫升高汤与所有调味料拌成卤汁，再放入肉块，用小火烧至上色，煮至卤汁变稠后，捞起肉切片，即为叉烧肉。
3. 取一大碗，加入2大匙卤汁，再淋入高汤，盛入汆烫煮熟沥干的拉面，再依序摆放上叉烧肉片、卤蛋、卤笋干、海带芽、豆芽菜、葱花即可。

# 味噌泡菜乌冬面

### 材料

乌冬面1小包、牛蒡丝20克、五花肉薄片50克、胡萝卜1片、香菇1朵、泡菜100克、豆腐1/4块、香油1大匙、水250克、葱丝少许

### 调味料

味噌20克、酱油1小匙、米酒1大匙

### 做法

1. 将所有调味料混合；乌冬面汆烫开捞起、沥干；五花肉薄片洗净切段；胡萝卜洗净切花形备用。
2. 热锅，倒入适量香油烧热，放入五花肉片段以中火炒至变色，再放入牛蒡丝、泡菜拌炒后，加入水煮开，最后放入香菇、豆腐、乌冬面。
3. 加入做法1的调味料略煮，再撒上少许葱丝即可。

# 常用的 干面酱

## 傻瓜干面酱

**材料：**

A. 酱油3大匙、陈醋1/2大匙、糖1/2大匙、红辣椒末少许、辣椒油少许

B. 猪油1大匙、葱花2大匙、香菜末少许

**做法：**

1. 将材料A拌匀制成综合酱汁备用。
2. 食用时将综合酱汁与材料B一起拌入面中即可。

## 红油抄手酱

**材料：**

辣椒油2大匙、花生粉1/2大匙、糖2大匙、陈醋1小匙、酱油4大匙、葱花适量、香菜末适量

**做法：**

所有材料混合，搅拌均匀即可。

## 蚝油番茄酱

**材料：**

蚝油2大匙、糖1/2大匙、番茄酱1大匙、葱花1小匙

**做法：**

所有材料混合，搅拌均匀即可。

## 台式油醋酱

**材料：**

壶底油1大匙、陈醋1小匙、糖1/2大匙、红辣椒末1/2小匙、蒜末1/2小匙

**做法：**

所有材料混合，搅拌均匀即可。

# 红油南乳酱

**材料：**
辣椒油2大匙、南乳(红腐乳)1.5小块、蚝油2大匙、糖2大匙、葱花1大匙

**做法：**
　　所有材料混合，搅拌均匀即可。

# 沙茶拌酱

**材料：**
沙茶酱2大匙、酱油1大匙、糖1大匙、香油少许、香菜少许

**做法：**
　　所有材料混合，搅拌均匀即可。

# 海山味噌酱

**材料：**
海山酱3大匙、味噌1大匙、酱油膏1大匙、香油1大匙、糖1大匙、冷开水1/3杯、葱花少许

**做法：**
　　所有材料混合，搅拌均匀即可。

# 梅肉酱

**材料：**
腌渍梅子5粒、酱油膏3大匙、糖1/2小匙、酱油2大匙、冷开水3大匙

**做法：**
　　将梅子肉切碎，与其他所有材料混合，搅拌均匀即可。

# 炸酱面

材料

拉面150克、葱1根

调味料

炸酱适量

做法

1. 葱洗净、切成葱花，备用。
2. 煮一锅沸水，将拉面放入其中搅散，煮约3分钟，期间以筷子略搅动数下，捞出沥干水分，备用。
3. 将拉面放入碗中，淋上适量炸酱，再撒上葱花，食用前搅拌均匀即可。

# 传统炸酱做法大解密

## 材料

猪肉泥200克、洋葱1/2个、胡萝卜50克、豌豆30克、豆瓣酱2大匙、水150毫升

## 调味料

糖1小匙、鸡粉1/2小匙

## 做法

1. 将洋葱去皮切丁（见图1）；胡萝卜洗净切丁。
2. 猪肉泥炒至出油，加入洋葱丁，炒至呈金黄色（见图2）。再加入豆瓣酱，炒约2分钟至香味散出，再加入胡萝卜丁炒匀（见图3）。
3. 锅中加水，拌炒至水沸（见图4），再加入调味料，以小火煮约1分钟（见图5）。
4. 煮至汤汁略收干，起锅前加入豌豆煮匀，即为炸酱（见图6）。

### 美味秘诀

有些炸酱的做法还会加入豆干丁，可依个人喜好选择添加，另外也可将肉泥替换成手切五花肉，香气更足。

# 麻酱面

 材料

阳春面120克、小白菜
30克、葱花少许、凉开
水2大匙

 做法

1. 烧一锅水，水沸后放入阳春面拌开，小火煮约1分钟，将面捞起沥干水分，放入碗中。
2. 小白菜洗净，切段，氽烫熟后放至阳春面上。
3. 将所有调味料拌匀成酱汁，淋至阳春面上，再撒上葱花，食用时拌匀即可。

调味料

芝麻酱1大匙、酱油膏1.5
大匙、红葱油1大匙

# 四川担担面

材料

猪肉泥120克、红葱末10克、蒜末5克、葱末15克、花椒粉1/4小匙、干辣椒末1/2小匙、葱花少许、熟白芝麻5克、细阳春面110克、色拉油适量

调味料

红油1大匙、芝麻酱1小匙、蚝油1/2大匙、酱油1/3大匙、盐1/2小匙、细砂糖1/4小匙

做法

1. 热锅，加入1大匙色拉油，爆香红葱末、蒜末，加入猪肉泥炒散，再放入葱末、花椒粉、干辣椒末炒香。
2. 锅中继续放入全部调味料拌炒入味，再加入100毫升水（材料外）炒至微干入味，即为四川担担酱。
3. 煮一锅水，加入少量色拉油煮沸，再放入细阳春面拌散，煮约1分钟后捞起沥干，盛入碗中。
4. 在面碗中加入适量四川担担酱，再撒上葱花与熟白芝麻即可。

# 辣味麻酱面

材料

阳春面150克、蒜末20克、韭菜段20克、花椒10克、红辣椒粉30克、色拉油80毫升、水10毫升、豆芽菜30克

调味料

A. 麻酱汁1大匙、蚝油1小匙、麻辣油1小匙、盐1/4小匙、细砂糖1/4小匙、面汤100毫升、鸡粉少许
B. 盐1/2小匙

做法

1. 花椒泡入能刚好将其淹没的水中，约10分钟后将水沥干；红辣椒粉用10毫升水拌湿，放至大碗中，备用。
2. 将锅烧热，放入色拉油，开小火，加入花椒炸约2.5分钟即用滤网捞起，再放入蒜末炒至呈金黄色，将色拉油及蒜末盛起并倒入盛红辣椒粉的大碗中拌匀，再依序加入调味料A充分拌匀即成辣味麻酱。
3. 取一汤锅，放入3000毫升水（材料外），煮开后，先加入1/2小匙盐，再放入阳春面煮2分钟，等水再次煮开后捞起摊开备用，再放入韭菜段及豆芽菜略烫5秒钟后，捞起备用。
4. 将辣味麻酱倒入阳春面搅拌均匀，再铺上烫过的韭菜段及豆芽菜即可。

# 椒麻牛肉拌面

材料

牛肋条300克、细阳春面300克、牛骨高汤300毫升（做法见P16）、干辣椒15克、花椒1/2小匙、洋葱片80克、蒜苗片1小匙、色拉油适量

调味料

蚝油1大匙、盐1/4小匙、陈醋2小匙

做法

1. 将牛肋条放入沸水中，汆烫去血水，捞起沥干，切小块；干辣椒剪成小段，泡水至软备用。
2. 热锅，倒入2大匙色拉油，将泡软的干辣椒和花椒以小火炸至呈棕红色后捞出沥油，再切成细末。
3. 另热锅，加入适量色拉油，放入做法2的材料、洋葱片、牛肋条块炒约3分钟，加入牛骨高汤和调味料，煮至材料变软。
4. 将细阳春面放入沸水中煮熟，期间以筷子略为搅动数下，即捞起沥干，放入碗内。
5. 将做法3的材料倒入面上，再撒上蒜苗片即可。

# 叉烧捞面

材料

鸡蛋面120克、叉烧肉100克、绿豆芽50克、葱花少许、凉开水1大匙

调味料

蚝油1大匙、市售红葱油1大匙

做法

1. 烧一锅水，水沸后放入鸡蛋面拌开，以小火煮约1分钟，捞起沥干水分，放入大碗中。
2. 绿豆芽汆烫熟后放至鸡蛋面上，再铺上切好的叉烧肉薄片。
3. 将所有调味料拌匀成酱汁，淋至面上，再撒上葱花，食用时拌匀即可。

# 酸辣拌面

### 材料

拉面100克、猪肉泥60克、葱花5克、碎花生仁10克、花椒粉1/8小匙、香菜少许

### 调味料

A. 酱油1大匙
B. 蚝油1大匙、香醋1大匙、细砂糖1/4小匙、辣椒油2大匙

### 做法

1. 热锅加入少许油，放入猪肉泥，以小火炒至松散，加入酱油炒至汤汁收干，取出备用。
2. 将调味料B放入碗中拌匀成酱汁。
3. 烧一锅水，水沸后放入拉面拌开，小火煮约1.5分钟，捞起稍沥干水分，倒入大碗中。
4. 撒上肉末、葱花、碎花生仁及花椒粉，淋上酱汁拌匀，撒上香菜即可。

# 臊子面

### 材料

细阳春面150克、猪肉泥100克、虾米1/2小匙、荸荠2颗、洋葱丁15克、水发黑木耳20克、泡发香菇1朵、葱花5克、水煮蛋1个、高汤300毫升、水淀粉1大匙、色拉油适量

### 调味料

酱油1小匙、蚝油2小匙、香油1/2小匙

### 做法

1. 荸荠、水发黑木耳、泡发香菇、虾米洗净，沥干水分，分别切成小丁备用。
2. 热锅，加入1/2大匙色拉油及肉泥，将猪肉泥炒至焦黄后，加入洋葱丁及做法1所有材料一起炒约2分钟，再加入高汤以小火煮约10分钟。
3. 另热锅，加入适量色拉油，将鸡蛋打散后加入锅中，炒散后盛出。
4. 锅中加水煮沸，放入面条煮约2.5分钟，捞出沥干水分放入碗中，再加入做法2的材料及鸡蛋，撒上葱花即可。

# 酸辣牛肉拌面

 材料

牛肋条300克、宽阳春面300克、牛骨高汤200毫升（做法见P16）、洋葱末80克、葱花1小匙、酸菜50克、辣椒油1小匙、食用油适量

 调味料

酱油1大匙、醋1.5小匙、盐1/4小匙、糖1小匙

做法

1. 将牛肋条放入沸水中氽烫，捞起沥干切段。
2. 热锅，倒入适量食用油，放入洋葱末炒香，再放入牛肋块炒约3分钟，最后加入牛骨高汤、除醋之外所有的调味料拌匀，将牛肋条块煮软。
3. 将宽阳春面放入沸水中煮熟，期间以筷子略为搅动数下，即捞起沥干，放入碗中，备用。
4. 在做法2的材料中加入辣椒油、醋与熟宽阳春面拌匀，再放入酸菜即可。

# 香油面线

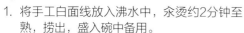

材料

手工白面线300克、老姜片50克、油葱酥适量、水300毫升

调味料

黑芝麻香油50毫升、米酒50毫升、鸡粉1小匙、细砂糖1/2小匙

做法

1. 将手工白面线放入沸水中，氽烫约2分钟至熟，捞出，盛入碗中备用。
2. 起一炒锅，倒入黑芝麻香油与老姜片，以小火慢慢爆香至老姜片卷曲，再加入米酒、水，以大火煮至沸腾后，加入鸡粉、细砂糖调味。
3. 将汤汁与油葱酥淋在面线上，拌匀即可。

# 苦茶油面线

材料

白面线350克、圆白菜100克、胡萝卜丝15克、姜末10克、苦茶油2大匙

调味料

盐4克

做法

1. 圆白菜洗净切丝，备用。
2. 烧一锅滚沸的水，将白面线、胡萝卜丝及圆白菜丝分别放入沸水中氽烫约2分钟，捞出后备用。
3. 起一炒锅，放入2大匙苦茶油烧热，以小火爆香姜末，放入胡萝卜丝、圆白菜丝及白面线中，再放入少许盐调味，拌匀即可。

# 传统凉面

材料

熟凉面150克、传统凉面酱适量、熟鸡丝30克、小黄瓜1/4条、胡萝卜15克、鸡蛋1个

做法

1. 鸡蛋打散，加入少许盐(材料外)拌匀后，用滤网过滤。
2. 平底锅加热，用厨房纸巾在锅面抹上薄薄一层油，倒入蛋液摇晃摊平，以小火煎至凝固，将蛋皮卷成卷状后切丝。
3. 将小黄瓜、胡萝卜洗净切丝，放在水龙头下以细水冲约5分钟保持脆度，再沥干备用。
4. 将凉面放到沸水中汆烫一下，捞起沥干，洒上适量油（材料外）拌匀，防止粘连，待冷却备用。
5. 将凉面放入盘中，淋上适量的传统凉面酱，再放上小黄瓜丝、胡萝卜丝、蛋丝、熟鸡丝即可。

## 传统凉面酱

材料：麻酱1.5大匙、花生酱1小匙、凉开水4大匙、酱油1大匙、蒜泥1小匙、乌醋1小匙、白醋2小匙、糖2小匙、盐1/4小匙

做法：将麻酱和花生酱混合，再用凉开水调开，最后加入其余材料混合拌匀即可。

# 香辣麻酱凉面

材料

油面170克、西式火腿丝60克、胡萝卜丝40克、小黄瓜丝60克、蛋皮丝20克、香辣麻酱适量

做法

1. 取一锅，加水煮沸，放入胡萝卜丝，汆烫5秒捞起，沥干放凉，备用。
2. 油面装盘，铺上西式火腿丝、胡萝卜丝、小黄瓜丝及蛋皮丝。
3. 淋上调好的香辣麻酱，食用时拌匀即可。

## 香辣麻酱

材料：芝麻酱1大匙、蒜泥15克、盐1/6小匙、白醋2小匙、细砂糖1大匙、凉开水50毫升、辣椒油1大匙

做法：将芝麻酱慢慢加入凉开水调稀，再加入其余材料拌匀即可。

# 茄汁凉面

材料

菠菜面100克、熟鸡丝60克、绿豆芽50
克、西红柿丁120克、茄汁酱适量

做法

1. 烧一锅沸水，放入绿豆芽，氽烫5秒后
   捞出，沥干放凉。
2. 放入菠菜面煮熟后，摊开放凉，盛盘，
   铺上熟鸡丝、西红柿丁及绿豆芽。
3. 将调好的茄汁酱淋至面上，食用时拌匀
   即可。

## 茄汁酱

材料：蒜泥10克、洋葱泥10克、柠檬汁1小匙、
番茄酱2大匙、细砂糖1大匙、凉开水30毫升
做法：将所有酱汁材料混合拌匀即可。

# 腐乳酱凉面

### 🍮 材料

细拉面100克、熟鸡丝60克、胡萝卜丝50克、小黄瓜丝60克、辣腐乳酱适量

### 🍚 做法

1. 取一锅水煮沸，放入胡萝卜丝汆烫5秒后，捞出放凉。
2. 原锅中放入细拉面煮熟，捞起沥干，摊开放凉后盛盘，铺上熟鸡丝、胡萝卜丝、小黄瓜丝。
3. 淋上调好的辣腐乳酱，食用时拌匀即可。

## 辣腐乳酱

材料：辣豆腐乳1大匙、蒜泥15克、细砂糖1小匙、凉开水30毫升、香油1小匙
做法：将辣豆腐乳压成泥，加入凉开水调稀，再加入其余材料拌匀即可。

# 芥末凉面

### 🍮 材料

全麦面条100克、熟鸡丝60克、胡萝卜丝50克、小黄瓜丝60克、蛋皮丝20克、海苔丝少许、蒜味芥末酱适量

### 🍚 做法

1. 取一锅水煮沸，将胡萝卜丝下锅汆烫5秒后，捞出沥干放凉。
2. 原锅放入全麦面条煮熟，摊开放凉再盛盘，铺上熟鸡丝、胡萝卜丝、小黄瓜丝、蛋皮丝及海苔丝。
3. 将调好的酱汁淋至面条上，食用时拌匀即可。

## 蒜味芥末酱

材料：蒜泥5克、芥末酱1小匙、鲣鱼酱油2大匙、凉开水30毫升
做法：将所有调味料拌匀成酱汁即可。

# 山药荞麦冷面

 材料

A. 荞麦面100克、山药100克、熟白芝麻1/2小匙
B. 七味粉1/4小匙、海苔丝少许、山葵酱1小匙

 调味料

淡色酱油1大匙、味酥1大匙

做法

1. 山药磨泥备用。
2. 将调味料加200毫升水混合均匀，以小火煮开，冷却后冷藏即成酱汁。
3. 荞麦面放入沸水中，煮熟捞起冲冷水，沥干后盛盘，撒上熟白芝麻备用。
4. 将酱汁盛入容器中，再加入山药泥和材料B的所有材料即成蘸酱。
5. 食用时取适量荞麦面，蘸取酱汁即可。

# 韩式泡菜凉面

 材料

全麦面条100克、韩式泡菜150克、小黄瓜丝30克、水煮蛋1/2个、熟肉片40克、熟白芝麻1小匙、葱花10克、凉开水2大匙

调味料

蒜泥10克、韩式辣椒酱1大匙、细砂糖2小匙、香油2小匙

做法

1. 将所有调味料加入2大匙凉开水拌匀，加入葱花及熟白芝麻即为酱汁；韩式泡菜切小片。
2. 烧一锅沸水，放入全麦面条煮熟，摊开放凉后盛盘，铺上小黄瓜丝、韩式泡菜片、熟肉片及水煮蛋。
3. 将调好的酱汁淋至面条中，食用时拌匀即可。

# 家常炒面

 材料

鸡蛋面150克、洋葱丝20克、胡萝卜丝10克、肉末50克、油葱酥10克、青菜50克、色拉油适量

调味料

酱油1/2小匙、白胡椒粉1/2小匙

做法

1. 取锅，加适量水煮沸，再加入少许盐（材料外），将鸡蛋面放入锅中，一边煮，一边用筷子搅拌至滚沸。
2. 加入100毫升冷水，煮至再次滚沸，再重复前述动作加两次100毫升的冷水，将煮好的面捞起来沥干，加入少许油拌匀，防止面条粘连。
3. 取锅，加入少许色拉油烧热，放入洋葱丝、胡萝卜丝、油葱酥和肉末炒香，加入少许水和调味料，放入煮熟的面条快速拌炒，盖上锅盖焖煮至汤汁略收干，起锅前再加入洗净切段的青菜，略翻炒即可。

# 三鲜炒面

 材料

油面250克、鱼肉50克、乌贼1尾、洋葱1/4颗、水300毫升、水发木耳20克、青菜30克、虾仁60克、色拉油2大匙

 调味料

盐1/2小匙、蚝油1大匙、米酒1大匙

做法

1. 鱼肉洗净切片；乌贼洗净切花；洋葱、木耳洗净切丝；青菜洗净切段，备用。
2. 取锅烧热后加入2大匙色拉油，放入洋葱丝与木耳丝略炒，加水与调味料，待沸腾后放入油面，盖上锅盖以中火焖煮3分钟。
3. 锅内加入鱼肉片、乌贼花与虾仁，开盖煮2分钟，再放入青菜段翻炒即可。

# 广州炒面

### 材料
广东鸡蛋面150克、乌贼4片、虾仁4尾、叉烧肉片4片、猪肉片4片、西蓝花5朵、胡萝卜片4片、水250毫升、色拉油适量、水淀粉1.5小匙

### 调味料
蚝油1大匙、盐1/4小匙

### 做法
1. 将鸡蛋面放入沸水中煮至微软后捞起，加入1小匙色拉油拌开，备用。
2. 将乌贼、虾仁、猪肉片、西蓝花及胡萝卜片分别放入沸水中，汆烫后捞起，再冲冷水至凉备用。
3. 热锅，倒入色拉油烧热，放入鸡蛋面，以中火将两面煎至酥黄后沥油、盛盘。
4. 重热油锅，放入做法2的所有食材一起略炒至香，倒入水及所有调味料一起拌匀煮沸。
5. 慢慢倒入水淀粉勾芡，然后淋至煎面上即可。

# 福建炒面

### 材料
油面250克、虾仁50克、猪肉丝30克、葱段20克、黑木耳丝20克、胡萝卜丝20克、圆白菜丝30克、猪油1.5大匙、蒜末1/2小匙、高汤100毫升

### 调味料
盐1/4小匙、酱油1小匙、细砂糖1小匙、胡椒粉1/2小匙、深色酱油1小匙

### 做法
1. 虾仁、猪肉丝洗净，沥干水分备用。
2. 热锅，放入猪油，加入蒜末、葱段、做法1的材料，以大火炒约1分钟。
3. 加入圆白菜丝、黑木耳丝、胡萝卜丝和调味料，以大火炒约2分钟后，加入油面及高汤拌炒均匀即可。

# 海鲜炒乌冬面

 **材料**

乌冬面200克、牡蛎50克、墨鱼60克、虾仁50克、鱼板2片、鱿鱼50克、葱段1根、蒜末5克、红辣椒片少许、高汤100毫升、色拉油2大匙

**调味料**

鱼露1大匙、蚝油1小匙、鸡粉1/2小匙、米酒1小匙、胡椒粉少许

**做法**

1. 牡蛎洗净；虾仁洗净，在虾背上轻划一刀，去肠泥；墨鱼、鱿鱼洗净，切纹路再切小片；鱼板切小片备用。
2. 热锅，加入2大匙色拉油，放入蒜末和葱白部分爆香后，加入所有海鲜材料快炒至八分熟。
3. 加入高汤、所有调味料一起煮沸后，再加入乌冬面与葱绿部分、红辣椒片，拌炒入味即可。

# 韩国炒码面

**材料**

家常面150克、猪肉片50克、虾仁50克、洋葱30克、韭菜30克、黄豆芽30克、蒜末1/2小匙、韩国辣椒粉1大匙、水300毫升、色拉油1.5大匙、淀粉1/2小匙

**调味料**

A. 盐1/4小匙、米酒1/2小匙、胡椒粉1/4小匙
B. 酱油1小匙、盐1/4小匙、米酒1小匙、糖1/2小匙

**做法**

1. 将家常面放入沸水中烫15分钟，捞出摊凉剪短；猪肉片加入淀粉和调味料A拌匀；虾仁搓盐后冲水沥干；洋葱洗净切片；韭菜洗净切段，备用。
2. 取锅烧热，倒入1.5大匙色拉油，放入洋葱片、蒜末与韩国辣椒粉拌炒，再放入腌渍后的猪肉片炒至变白，最后放入虾仁、黄豆芽略炒。
3. 加入水与调味料B，放入剪短的家常面，以小火炒至汤汁略干，放入韭菜段拌匀即可。

# 手切面

### 🍲 材料

冷水面团300克（做法见P154）

### 🍚 做法

1. 将冷水面团擀成厚约0.2厘米的长方形面片，撒上面粉防止粘连，对折后切成宽约1厘米的面条。
2. 烧一锅水，水沸后将面条下锅，以小火煮约2分钟，捞起冲凉即可。

#### 美味秘诀

切好的面条若不马上煮，可以撒上一些淀粉防止粘连，这样下锅时才不会粘成一整团不好拌开。

# 虾球汤面

### 🍲 材料

手切面200克、高汤400毫升、虾仁100克、上海青100克、鲜香菇片40克、胡萝卜片40克、姜丝5克、葱段10克、色拉油1大匙

### 🧂 调味料

盐1/2小匙、白胡椒粉少许、香油1/2小匙

### 🍚 做法

1. 虾仁洗净后将虾背切开，去除肠泥；上海青洗净对切。
2. 手切面煮熟后，捞起装碗备用。
3. 热锅加入约1大匙色拉油，以小火爆香葱段、姜丝后加入虾仁炒熟，再加入鲜香菇片、胡萝卜片、上海青、高汤及所有调味料煮开，倒在面上即可。

# 刀削面

 材料

中筋面粉600克、冷水280毫升、盐8克

做法

1. 将中筋面粉和盐一起倒入盆中，再将冷水分次倒入其中拌匀成团，取出，在桌上搓揉至表面光滑，覆上保鲜膜醒约15分钟后再搓揉至光滑洁白。
2. 将面团搓揉成长椭圆状，左手持面团，右手持较利的薄片刀由上而下削出薄面片，并撒少许面粉以防粘连即可。

# 雪里红肉末刀削面

 材料

刀削面150克、猪肉泥80克、雪里红末50克、蒜末1/4小匙、红椒末1/4小匙、市售高汤300毫升、水60毫升、水淀粉适量、色拉油2小匙

调味料

A. 盐1/4小匙、细砂糖1/4小匙、胡椒粉少许、香油少许
B. 盐1/4小匙

做法

1. 雪里红末洗去咸味，捞出沥干，以干锅煸至表面干香盛出，备用。
2. 热锅倒入2小匙色拉油，放入猪肉泥炒至颜色变白，加入蒜末以小火炒香，放入雪里红末、红椒末、水以及调味料A，改大火拌炒均匀，倒入水淀粉勾芡，盛起，备用。
3. 在高汤中加入调味料B煮至滚沸，倒入面碗中，再煮一锅滚沸的水，放入刀削面，煮约2分钟至熟透浮起，捞出放入面碗中，放上做法2的雪里红肉末即可。

# 面疙瘩

 材料

猪肉泥50克、葱段20克、鸡蛋1个、白面糊1杯、高汤800毫升、色拉油适量

 做法

1. 热锅，加入少许色拉油，以小火爆香葱段后加入猪肉泥炒散。
2. 锅中加入高汤、盐及白胡椒粉，煮沸后转小火，用筷子将白面糊沿杯缘一条条拨入高汤中，拨成长条形。
3. 将做法2的材料以小火煮沸约1分钟至熟后，将鸡蛋打散，淋至面疙瘩中，关火淋上香油即可。

调味料

盐1小匙、白胡椒粉1/4小匙、香油1/4小匙

## 白面糊

材料：中筋面粉200克、盐1/2小匙、水200毫升
做法：将中筋面粉与盐混合，加入水搅拌至有筋性，静置10分钟即可。

# 猫耳朵

 材料

冷水面团450克（做法见P154）

 做法

1. 面团用干净的湿毛巾或保鲜膜盖好，以防表皮干硬，静置醒约5分钟。
2. 将醒过的面团搓成长条后分成重约4克的小面团，再用大拇指压成猫耳朵状。
3. 烧一锅水，煮开后放入猫耳朵，小火煮约3分钟后捞起放凉即可。

# 炒猫耳朵

 材料

猫耳朵300克、肉片40克、黑木耳片50克、胡萝卜片50克、蒜末10克、葱丝10克、淀粉适量

 调味料

酱油2大匙、细砂糖1小匙、香油1小匙

 做法

1. 肉片用少许酱油及淀粉抓匀，备用。
2. 热锅加入油，小火爆香葱丝、蒜末后下肉片炒散，加入黑木耳片、胡萝卜片、猫耳朵、酱油、细砂糖及少许水炒匀，再加入香油拌匀即可。

 美味秘诀

　　做好的猫耳朵不论是炒或煮，都要先烫熟保存，否则吃起来口感会降低。

# 饺子篇

水饺、煎饺、蒸饺……变化多多，用家常食材就能包出不同风味的饺子。

# 如何制作 饺子皮

## 冷水面团饺子皮
冷水面团较适合做水饺皮与蒸饺皮。
面团要用湿布或保鲜膜完整地包好，以免面团干硬。

**材料**

中筋面粉600克、
盐4克、水300毫升

**做法**

1. 准备一个盆，将面粉放入盆中，加入盐（见图1）。
2. 加水后，仔细地搓揉（见图2）。
3. 待表面光滑并成团后，用干净的湿布将面团仔细包好并静置约10分钟，再将面团搓揉约1分钟（见图3）。
4. 将搓揉好的面团切成2条面团，再搓揉成细长的面团，然后分成每个约10克的小面团（见图4）。
5. 撒上适量面粉，将面团以手掌轻压至呈圆扁状，用擀面棍擀至面团的中心点后，再将擀面棍拉回（见图5）。
6. 重复上述操作，将所有小面团都擀成圆扁片状，且中间微凸起即可（见图6）。

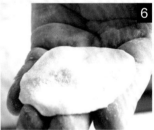

## 温水面团饺子皮
温水面团较适合做煎饺皮与锅贴皮。

**材料**

中筋面粉600克、
盐4克、水320毫升

**做法**

1. 将水倒入锅中，加热至60~70℃，备用。
2. 备一个盆，将面粉放入盆中，加入盐、做法1的温水后，仔细地搓揉。
3. 待表面光滑并成团后，用干净的湿布将面团包好并静置约10分钟，再搓揉约1分钟。
4. 将做法3的面团切成2条面团，搓揉成细长条后，分成每个约10克的小面团，再撒上适量面粉，将小面团以手掌轻压至呈圆扁状。
5. 取一小面团，以擀面棍擀至面团的中心点后，再将擀面棍拉回，重复上述操作，将所有小面团都擀成圆扁片状，且中间微凸起即可。

# 胡萝卜皮

 材料

中筋面粉600克、盐4克、胡萝卜汁300毫升

 做法

1. 将面粉放入盆中，加入盐与胡萝卜汁后，仔细搓揉。
2. 搓揉至表面光滑并成团后，用干净的湿布将面团包好并静置约10分钟，再搓揉约1分钟。
3. 将做法2的面团切成2条面团，皆搓揉成细长条后，捏成每约10克的小面团，再撒上适量面粉，以手掌轻压成圆扁状。
4. 取一小面团，以擀面棍擀至面团的中心点后，再将擀面棍拉回，重复将所有小面团都擀成圆扁片状，且中间微凸起即可。

# 菠菜皮

材料

中筋面粉600克、盐4克、菠菜叶130克、水250毫升

做法

1. 菠菜叶洗净沥干水分后，用果汁机加水拌打约1分钟成汁后过滤，取约300毫升的菠菜汁，备用。
2. 将面粉放入盆中，加入盐、菠菜汁，仔细地搓揉。
3. 搓揉至表面光滑并成团后，用湿布将面团包好并静置约10分钟，再搓揉约1分钟后，切成2条面团，皆搓揉成长条。
4. 将长条形面团捏成每个约10克的小面团，再撒上适量面粉，以手掌轻压成圆扁状。
5. 取一小面团，以擀面棍擀至面团的中心点后，再将擀面棍拉回，重复将所有小面团都擀成圆扁片状，且中间微凸起即可。

# 墨鱼皮

 材料

中筋面粉600克、盐4克、墨鱼粉5克、水320毫升

做法

1. 将面粉放入盆中，加入盐、墨鱼粉与水后，仔细搓揉至表面光滑并成团后，用干净的湿布将面团包好静置约10分钟，再搓揉约1分钟。
2. 将做法1的面团切成2条面团，皆搓揉成细长的面团，再捏制成每个约10克的小面团，并撒上适量面粉，再以手掌轻压成圆扁状。
3. 取一小面团，以擀面棍擀至面团的中心点后，再将擀面棍拉回，重复将所有小面团都擀成圆扁片状，且中间微凸起即可。

# 澄粉皮

材料

澄粉600克、淀粉50克、盐4克、沸水420毫升

 做法

1. 将澄粉、淀粉放入盆中，加入盐后拌匀，倒入沸水，一边倒水一边搅拌均匀后，取出用手揉匀。
2. 将做法1的面团切成2条面团，皆搓揉成长条后，捏制成每个约10克的小面团，并撒上适量面粉，再将小面团以手掌轻压成圆扁状。
3. 取一小面团，以擀面棍擀至面团的中心点后，再将擀面棍拉回，重复将所有小面团都擀成圆扁片状，且中间微凸起即可。

# 饺子馅的 处理技巧

## 加盐脱水

适用食材：圆白菜、白萝卜

容易出水且质地坚硬的叶菜或根茎类蔬菜，可以先切碎，然后加入少许盐抓匀，静置5分钟，让水分释出，再用手挤干水分。

## 汆烫后挤干水分

适用食材：白菜、丝瓜、芽菜、红薯叶、上海青、豆腐

容易出水且质地柔软的叶菜或瓜果，可汆烫几秒后捞出，再挤干水分，如此做出来的馅料口感更佳。豆腐腥味重，汆烫过再压干水分，可去除大部分的腥味。

小提示：

带有辛香味的叶菜，如韭菜、韭黄、芹菜、葱等，为了保留其芳香气味，不适合加盐脱水或汆烫。直接切碎，最后和调味料一起加入馅料拌匀即可。

## 泡水胀发

适用食材：粉条、干黑木耳、干香菇

干货类的食材，需要预先泡在清水中胀发，使其软化，再切碎或切段，并和其他食材混合调味。

## 预先炸熟

适用食材：茄子

以茄子为例，其本身不容易煮熟，且要炸过以后才有香味，颜色更好看，调味料也更容易入味。

## 预先蒸熟

适用食材：红薯、芋头、土豆、南瓜

质地坚硬且不容易煮熟的食材，在做成馅料前可先蒸熟，这样做出来的饺子才不会出现外皮已熟但内馅还半生不熟的情况。

# 吃饺子 速配蘸酱

## 蒜蓉鱼露酱

材料: 蒜末1大匙、鱼露1大匙、细砂糖1小匙、香油1小匙、白醋1小匙、凉开水2大匙

做法: 将所有材料搅拌均匀，即为蒜蓉鱼露酱。

## 酸辣酱

材料: 白醋2大匙、凉开水1大匙、辣豆瓣酱1大匙、细砂糖1小匙、香油1小匙

做法: 将所有材料搅拌均匀，即为酸辣酱。

## 麻辣酱

材料: 细辣椒粉1大匙、色拉油3大匙、蒜泥1小匙、豆豉1小匙、花椒粉1/2小匙、凉开水1大匙、盐1/2小匙、酱油1小匙、细砂糖1小匙

做法: 豆豉洗净切末，加入所有材料（色拉油除外）拌匀；将色拉油烧热，淋入拌好的所有材料中，拌匀，即为麻辣酱。

## 姜醋酱

材料: 姜泥2小匙、白醋3大匙、细砂糖1/2小匙、酱油1小匙、盐1/4小匙、香油1小匙

做法: 将所有材料搅拌均匀，即为姜醋酱。

## 蒜泥酱油酱

材料: 蒜泥1大匙、鲣鱼酱油2大匙、香油1小匙

做法: 将所有材料搅拌均匀，即为蒜泥酱油酱。

## 豆酱辣椒油酱

材料: 客家豆酱1大匙、细砂糖1/2小匙、酱油1小匙、凉开水2大匙、辣椒油2大匙

做法: 将所有材料搅拌均匀，即为豆酱辣椒油酱。

# 制作水饺的 技巧

## 传统水饺包法

**美味小秘诀 Tips**

水饺皮和水饺馅的分量比例一般为2:3，例如每张水饺皮重10克，每份馅料的重量约为15克。可依个人的喜好略微调整。

①将拌好的馅料舀约15克放到饺子皮上，再将面皮对折，把馅料包在面皮中间，并将中间捏合起来。

②以食指与拇指中间的地方，将水饺左右两边的面皮分别捏合起来。

③待两边面皮都捏合起来后，再以两手的食指与拇指中间的地方按压住两边面皮，使面皮更粘合。

④将两手的食指前后交叉并利用拇指的力量，将面皮往前集中并往下挤压，此时包住馅料的地方会变得饱满，即成水饺形状。

## 怎么煮水饺?

①取锅，加入水，开大火煮至滚沸。

②放入生水饺。

③以汤匙略搅拌，让刚入锅的生水饺不要粘锅。

④改转小火煮约3分钟。

⑤水饺浮出水面，仍要继续开小火煮。

⑥煮至水饺表面略膨胀鼓起，即可关火。

⑦将煮好的水饺捞起沥干即可。

# 怎么做**水饺**最好吃?

## 水饺皮

**技巧1** 醒面时,要用湿布完整覆住面团,避免水分流失,保持面团弹性。

**技巧2** 擀皮时,一定要擀的中间厚、边缘薄,这样饺子封口处就不会太厚,包馅的地方也不容易破皮。

**技巧3** 包水饺时,若使用市售水饺皮,必须在面皮封口处抹水,再用力捏紧,这样煮时水饺不易裂开。

**技巧4** 煮水饺时,水完全滚沸才可下水饺,轻轻搅动避免粘锅,然后转小火煮至表面略膨胀,即可起锅。

**技巧5** 起锅前在水中滴几滴香油,盛盘后就不会粘在一起了。

## 水饺馅

**技巧1** 水分多的食材要先依特性做脱水处理,才不会做出软糊糊的馅料。

**技巧2** 不易熟或较硬的食材应先蒸熟或炸熟,煮好后内馅就不会半生不熟。

**技巧3** 油脂含量少的鸡肉和海鲜,可加入少许猪肉泥混合,使馅料口感滑嫩不干涩。

**技巧4** 肉泥类的馅料一定要先加少许盐,搅拌至有弹性,再分两次加入少许水拌至水分完全吸收,馅料才会爽滑多汁。

**技巧5** 腥味重的肉类和海鲜馅,可加姜和少许米酒或料酒去腥提鲜。

### 小提示:

1. 下锅煮前不用先解冻,直接从冰箱取出后即可下锅煮或煎。
2. 烹煮前,不论是保存或运送的过程中绝对不能解冻。
3. 冷冻时塑料袋封口一定要紧密,以免饺皮水分散失,造成表皮龟裂。

# 自己做**冷冻水饺**

1 取一底部平坦的金属盘,均匀撒上少许面粉,防止水饺粘连。

2 将包好的水饺整齐排放在平盘上。

3 将排放好的水饺连盘子用塑料袋(或保鲜膜)密封,放入冰箱冷冻。

4 取出冷冻好的水饺盘在桌上轻敲,让水饺完全脱离盘底,取出装入塑料袋,紧密封口,再放回冰箱冷冻保存即可。

# 韭菜水饺

材料

韭菜250克、猪肉泥300克、姜12克、饺子皮300克

调味料

盐1小匙、鸡粉1小匙、米酒1小匙、胡椒粉少许、香油1小匙

做法

1. 韭菜洗净，沥干水分后切末；姜洗净切末，加入1小匙盐（分量外）抓匀至软，备用。
2. 取一大容器，放入做法1准备好的材料、猪肉泥及调味料一起搅拌均匀，并轻轻摔打至有黏性，即成韭菜内馅。
3. 将馅料包入饺子皮即可。

# 韭黄水饺

材料

猪肉泥200克、韭黄150克、虾仁50克、蒜仁2颗、饺子皮300克

调味料

盐1小匙、鸡粉1小匙、米酒1小匙、胡椒粉少许、香油1小匙

做法

1. 韭黄洗净，沥干水分后切末；虾仁洗净，吸干水分后拍碎成泥；蒜仁去皮，拍碎切末备用。
2. 取一大容器，放入猪肉泥、做法1准备好的材料及所有调味料一起搅拌均匀，并轻轻摔打至有黏性，即成韭黄内馅。
3. 将馅料包入饺子皮即可。

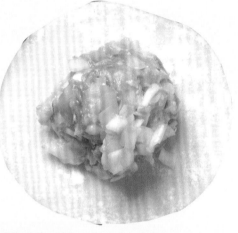

# 鲜菇猪肉水饺

材料

猪肉泥300克、鲜香菇200克、姜末10克、葱花30克、饺子皮300克

调味料

盐3.5克、鸡粉4克、细砂糖4克、酱油10毫升、米酒10毫升、香油1大匙

做法

1. 烧一锅滚沸的水，将鲜香菇去蒂后放入锅中汆烫约5秒，捞出冲凉，沥干切丁，再用手挤去水分，备用。
2. 将猪肉泥放入玻璃盆中，加盐搅拌至有黏性，再加入鸡粉、细砂糖、酱油以及米酒拌匀。
3. 加入鲜香菇丁、葱花、姜末以及香油，拌匀，即为鲜菇猪肉馅。
4. 将馅料包入饺子皮即可。

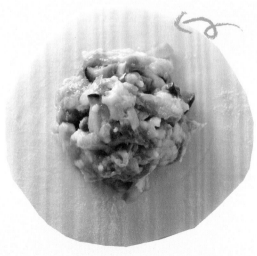

# 冬瓜鲜肉水饺

 材料

猪肉泥300克、冬瓜200克、姜末10克、葱花30克、饺子皮400克

调味料

盐3.5克、鸡粉4克、细砂糖4克、酱油10毫升、米酒10毫升、香油1大匙

做法

1. 烧一锅滚沸的水，将冬瓜刨丝后放入锅中汆烫约30秒，捞出冲凉沥干，再用手挤去水分，备用。
2. 将猪肉泥放入钢盆中，加盐搅拌至有黏性，再加入鸡粉、细砂糖、酱油以及米酒拌匀。
3. 盆中加入冬瓜丝、葱花、姜末以及香油，拌匀，即为冬瓜鲜肉馅。
4. 将馅料包入饺子皮即可。

# 丝瓜猪肉水饺

材料

丝瓜500克、猪肉泥300克、姜末8克、饺子皮400克

调味料

盐3.5克、鸡粉4克、细砂糖4克、酱油10毫升、米酒10毫升、香油1大匙

做法

1. 丝瓜去皮，挖除中间的籽囊，取剩下约250克的瓜肉切丁，备用。
2. 烧一锅滚沸的水，放入丝瓜丁汆烫约5秒，捞出冲凉沥干，再用手挤去水分，备用。
3. 将猪肉泥放入钢盆中，加盐搅拌至有黏性，再加入鸡粉、细砂糖、酱油、米酒搅拌均匀。
4. 盆中加入丝瓜丁、姜末以及香油，拌匀，即为丝瓜猪肉馅。
5. 将馅料包入饺子皮即可。

# 胡瓜猪肉水饺

材料

猪肉泥300克、胡瓜200克、姜8克、葱12克、水50毫升、饺子皮300克

调味料

盐5克、鸡粉4克、细砂糖4克、酱油10毫升、米酒10毫升、白胡椒粉1小匙、香油1大匙

做法

1. 胡瓜去皮去籽后切丝，加2克盐，抓匀腌渍约5分钟后，挤去水分；姜、葱洗净，切碎末，备用。
2. 在猪肉泥中加入3克盐，搅拌至有黏性后，加入鸡粉、细砂糖、酱油及米酒拌匀，备用。
3. 将水分2次加入猪肉泥中，一边加水一边搅拌至水分被吸收，再加入做法1的所有材料、白胡椒粉、香油，拌匀，即成胡瓜猪肉馅。
4. 将馅料包入饺子皮即可。

# 笋丝猪肉水饺

材料

猪肉泥300克、绿竹笋200克、姜8克、水50毫升、饺子皮300克

调味料

盐3.5克、鸡粉3克、细砂糖4克、酱油10毫升、米酒10毫升、白胡椒粉1/2小匙、红葱油1大匙、香油1/2大匙

做法

1. 绿竹笋洗净，切成丝；姜洗净，切细末，备用。
2. 将笋丝放入沸水中余烫，煮约5分钟后，取出，以冷开水冲凉，挤干水分，备用。
3. 在猪肉泥中加入盐，搅拌至有黏性后，加入鸡粉、细砂糖、酱油及米酒搅拌均匀，备用。
4. 将水分2次加入猪肉泥中，一边加水一边搅拌至水分被吸收，再加入姜末、笋丝、白胡椒粉、红葱油及香油，拌匀，即成笋丝猪肉馅。
5. 将馅料包入饺子皮即可。

# 莲藕猪肉水饺

 材料

猪肉泥300克、莲藕150克、姜末10克、葱花30克、饺子皮300克

调味料

盐3.5克、鸡粉4克、细砂糖4克、酱油10毫升、米酒10毫升、香油1大匙

做法

1. 烧一锅滚沸的水，将莲藕洗净，刮除表皮后切丁，然后放入锅中汆烫约1分钟，捞出冲凉，沥干，备用。
2. 将猪肉泥放入钢盆中，加盐搅拌至有黏性，再加入鸡粉、细砂糖、酱油以及米酒拌匀。
3. 盆中加入莲藕丁、姜末、葱花以及香油，拌匀即为莲藕猪肉馅。
4. 将馅料包入饺子皮即可。

# 芥菜猪肉水饺

 材料

猪肉泥300克、芥菜心200克、姜末10克、葱花30克、饺子皮300克

调味料

盐3.5克、鸡粉4克、细砂糖4克、酱油10毫升、米酒10毫升、香油1大匙

做法

1. 烧一锅滚沸的水，放入芥菜心汆烫约1分钟，捞出冲凉，沥干切丁，再用手挤去水分，备用。
2. 将猪肉泥放入钢盆中，加盐搅拌至有黏性，再加入鸡粉、细砂糖、酱油以及米酒拌匀。
3. 盆中加入芥菜丁、葱花、姜末以及香油，搅拌均匀即为芥菜猪肉馅。
4. 将馅料包入饺子皮即可。

# 香椿猪肉水饺

材料

猪肉泥300克、圆白菜100克、香椿50克、姜8克、葱12克、水50毫升、饺子皮300克

调味料

盐4克、鸡粉4克、细砂糖3克、酱油10毫升、米酒10毫升、白胡椒粉1小匙、香油1大匙

做法

1. 圆白菜切丁，加入1克盐，抓匀腌渍约5分钟后，挤去水分；香椿、姜、葱洗净，切碎末，备用。
2. 在猪肉泥中加入3克盐，搅拌至有黏性，再加入鸡粉、细砂糖、酱油、米酒拌匀备用。
3. 将水分2次加入猪肉泥中，并一边加水一边搅拌至水分被吸收，再加入做法1的所有材料、白胡椒粉和香油，拌匀，即成香椿猪肉馅。
4. 将馅料包入饺子皮即可。

# 紫苏脆梅水饺

材料

猪肉泥250克、脆梅30颗、紫苏梅15颗、紫苏叶10克、饺子皮300克、淀粉1小匙

调味料

糖1小匙、盐1/2小匙、米酒1大匙、梅汁1大匙、香油1大匙

做法

1. 在猪肉泥中加入淀粉和所有调味料，抓匀腌渍约15分钟，备用。
2. 紫苏梅去籽，取梅肉切末；紫苏叶洗净，切末备用。
3. 取一大容器，放入做法1和做法2的材料，搅拌均匀即成梅肉内馅。
4. 取一片饺子皮，于中间部分放上适量梅肉内馅和一颗脆梅后，将上下两边皮对折粘起，再于接口处依序折上花纹使其粘得更紧即可。

# 上海青猪肉水饺

 材料

猪肉泥300克、上海青200克、姜8克、葱12克、水50毫升、饺子皮300克

 调味料

盐3.5克、鸡粉3克、细砂糖3克、酱油10毫升、米酒10毫升、白胡椒粉1/2小匙、香油1大匙

 做法

1. 姜、葱洗净，切碎末；上海青放入沸水中汆烫约1分钟，捞起，以冷开水冲凉后挤去水分，切成碎末，备用。
2. 在猪肉泥中加入盐，搅拌至有黏性，加入鸡粉、细砂糖、酱油及米酒拌匀，再将水分2次加入，一边加水一边搅拌至水分被肉吸收。
3. 加入做法1的所有材料及白胡椒粉、香油，拌匀，即成上海青猪肉馅。
4. 将馅料包入饺子皮即可。

# 鲜干贝猪肉水饺

材料

猪肉泥200克、鲜干贝100克、姜8克、葱20克、水50毫升、饺子皮300克

调味料

盐3.5克、鸡粉3克、细砂糖3克、米酒10毫升、白胡椒粉1/2小匙、香油1大匙

做法

1. 鲜干贝洗净后切丁；姜、葱洗净，切碎末，备用。
2. 在猪肉泥中加入盐，搅拌至有黏性，再加入鸡粉、细砂糖、米酒拌匀后，将水分2次加入，一边加水一边搅拌至水分被肉吸收。
3. 加入做法1的所有材料、白胡椒粉及香油，拌匀，即成鲜干贝猪肉馅。
4. 将馅料包入饺子皮即可。

# 金枪鱼小黄瓜水饺

### 材料

金枪鱼罐头200克、小黄瓜200克、蒜末5克、洋葱末5克、饺子皮300克、淀粉1小匙

### 调味料

盐1/2小匙、糖1小匙、胡椒粉少许、香油1大匙

### 做法

1. 小黄瓜洗净，切去头尾再刨丝，放入碗中，加入1小匙盐（分量外）抓匀，腌约15分钟，用力抓小黄瓜丝，挤出水后，沥干备用。
2. 取一大容器，放入小黄瓜丝、金枪鱼、蒜末、洋葱末、淀粉及所有调味料，一起搅拌均匀，即成金枪鱼小黄瓜内馅。
3. 将馅料包入饺子皮即可。

# 鲜虾猪肉水饺

### 材料

猪肉泥400克、虾仁100克、葱花3大匙、姜末1大匙、饺子皮300克、淀粉1小匙

### 调味料

盐1/2小匙、酱油1小匙、细砂糖1小匙、白胡椒粉1小匙、香油1小匙、米酒1/2小匙

### 做法

1.在猪肉泥和虾仁中分别加入调味料中1/2小匙的盐，搅拌摔打数十下至有黏性，再将两者混合在一起拌匀，备用。
2.加入姜末、葱花、淀粉以及其余调味料，拌匀，即为鲜虾猪肉馅。
3.将馅料包入饺子皮即可。

# 丝瓜虾仁水饺

### 材料

丝瓜250克、虾仁150克、金针菇100克、蒜仁5克、饺子皮300克、淀粉1小匙

### 调味料

盐3.5克、糖1小匙、胡椒粉少许、香油1大匙

### 做法

1. 丝瓜去皮去头尾后洗净，切成四等份，并将内部白色籽瓤去除，再分别切丝，加入1小匙盐（分量外）抓匀腌渍约10分钟后，挤干水分备用。
2. 虾仁洗净、切小丁；金针菇放入沸水中氽烫后，捞起切小段；蒜仁切末备用。
3. 取一大容器，放入做法1、做法2的材料及淀粉、所有调味料，一起搅拌均匀，即成丝瓜虾仁内馅。
4. 将馅料包入饺子皮即可。

# 白菜虾仁水饺

材料

大白菜400克、虾仁300克、姜末15克、葱花20克、饺子皮400克

调味料

盐3.5克、鸡粉4克、细砂糖3克、米酒15毫升、白胡椒粉1小匙、香油1大匙

做法

1. 烧一锅滚沸的水，将大白菜对半切开，去蒂头，放入水中汆烫约20秒，取出冲凉沥干，切碎后用手挤去水分，备用。
2. 虾仁洗净后用厨房纸巾吸去水分，用刀剁成约0.5厘米见方的小丁，放入钢盆，加盐搅拌至有黏性。
3. 盆中加入鸡粉、细砂糖以及米酒拌匀，再加入大白菜碎、葱花、姜末、白胡椒粉以及香油，拌匀，即为白菜虾仁馅。
4. 将馅料包入饺子皮即可。

# 全虾鲜肉水饺

材料

猪肉泥100克、葱1根、姜10克、鲜虾12尾、饺子皮400克

调味料

盐1/2小匙、糖1/2大匙、酱油1/2大匙、香油1/2大匙、米酒1/3大匙、白胡椒粉1/2小匙

做法

1. 姜洗净，拍碎，切成细末；葱洗净，切细末；虾去头及壳留尾，洗净，挑去肠泥后擦干，备用。
2. 在猪肉泥中加入姜末、葱末及所有调味料，搅拌并抓捏摔打至肉馅有黏性。
3. 取饺子皮包入适量肉馅，再放上一尾鲜虾，注意将虾尾置于水饺皮之外，最后包起来即可。

# 干贝虾仁水饺

 材料

虾仁200克、鲜干贝100克、韭黄150克、姜末10克、饺子皮300克

 调味料

盐3.5克、鸡粉4克、细砂糖2克、米酒10毫升、白胡椒粉1/2小匙、香油1大匙

 做法

1. 鲜干贝用刀剁成约0.5厘米见方的小丁；韭黄切成约0.5厘米见方的小丁，备用。
2. 虾仁洗净后用厨房纸巾吸去水分，用刀剁成约0.5厘米见方的小丁后，放入钢盆，加入盐，搅拌至有黏性。
3. 盆中加入鸡粉、细砂糖以及米酒，拌匀，再加入鲜干贝丁、韭黄丁、姜末、白胡椒粉以及香油，搅拌均匀，即为干贝虾仁馅。
4. 将馅料包入饺子皮即可。

# 翡翠鲜贝水饺

 材料

菠菜梗150克、猪肉泥150克、干贝100克、蒜仁2颗、水150毫升、米酒少许、饺子皮300克

 调味料

盐3克、鸡粉1小匙、胡椒粉少许、香油1大匙

 做法

1. 菠菜梗汆烫后泡冷水，捞起沥干，切末；蒜仁拍碎，切末备用。
2. 干贝加入水、米酒一起放入电锅蒸约30分钟，取出沥干备用。
3. 将做法1的材料、猪肉泥和所有调味料一起搅拌均匀，即成菠菜肉泥内馅。
4. 取一片水饺皮，于中间部分放上适量菠菜肉泥内馅、一颗干贝，再将上下两边皮对折粘起，于接口处依序折上花纹，使其粘得更紧即可。

# 蛤蜊猪肉水饺

 **材料**

猪肉泥300克、蛤蜊肉100克、姜8克、葱40克、饺子皮300克

 **调味料**

盐1/4匙、鸡粉3克、细砂糖3克、酱油10毫升、米酒10毫升、白胡椒粉1小匙、香油1大匙

**做法**

1. 蛤蜊肉洗净；姜洗净，切成碎末；葱洗净，切成葱花，备用。
2. 将蛤蜊肉放入沸水中氽烫约5秒，捞起，沥干水分备用。
3. 在猪肉泥中加入盐，搅拌至有黏性，加入鸡粉、细砂糖、酱油、米酒，搅拌均匀，再加入蛤蜊肉、葱花、姜末及白胡椒粉、香油拌匀，即成蛤蜊猪肉馅。
4. 将馅料包入饺子皮即可。

# 蟹肉馅水饺

 **材料**

A. 饺子皮300克
B. 猪肉泥150克、蟹脚肉150克、葱100克
C. 米酒1大匙

**调味料**

盐1小匙、糖1小匙、胡椒粉少许、香油1大匙

**做法**

1. 蟹脚肉洗净，沥干水分后，加入米酒腌渍10分钟，再沥干备用。
2. 葱洗净，切末，加入1小匙盐（分量外），抓匀备用。
3. 取一大容器，放入葱末、猪肉泥及所有调味料，一起搅拌均匀，并轻轻摔打至有黏性即成肉泥内馅。
4. 取一片饺子皮，于中间部分放上适量肉泥内馅、蟹脚肉，再将上下两边皮对折粘起，于接口处依序折上花纹，使其粘得更紧即可。

# 蔬菜鱿鱼水饺

### 🦐 材料

猪肉泥200克、鲜鱿鱼肉100克、豌豆80克、胡萝卜丁80克、姜末15克、饺子皮300克

### 🧂 调味料

盐2克、鸡粉4克、细砂糖3克、酱油10毫升、米酒15毫升、白胡椒粉1小匙、香油1大匙

### 🍚 做法

1. 鲜鱿鱼肉洗净沥干，切丁备用。
2. 烧一锅滚沸的水，放入豌豆和胡萝卜丁汆烫约10秒，捞出，冲凉沥干，备用。
3. 将猪肉泥和鲜鱿鱼肉丁放入钢盆中，加盐，搅拌至有黏性，再加入鸡粉、细砂糖、酱油以及米酒拌匀。
4. 盆中加入豌豆、胡萝卜丁、姜末、白胡椒粉以及香油，搅拌均匀，即为蔬菜鱿鱼馅。
5. 将馅料包入饺子皮即可。

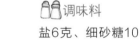

# 芹菜墨鱼水饺

### 🦐 材料

墨鱼肉200克、猪肉泥400克、胡萝卜丁100克、芹菜末80克、姜末20克、饺子皮400克

### 🧂 调味料

盐6克、细砂糖10克、米酒20毫升、白胡椒粉1小匙、香油2大匙

### 🍚 做法

1. 墨鱼肉洗净后沥干，切丁；胡萝卜丁入锅汆烫1分钟后冲凉沥干。
2. 将猪肉泥及墨鱼肉放入钢盆中，加盐，搅拌至有黏性，再加入细砂糖及米酒拌匀。
3. 加入胡萝卜丁、芹菜末、姜末、白胡椒粉及香油，拌匀，即为芹菜墨鱼馅。
4. 将馅料包入饺子皮即可。

# 芥末海鲜水饺

 材料

猪肉泥250克、虾仁100克、葱花2大匙、饺子皮300克

调味料

黄芥末1/2大匙、盐3克、糖1/2大匙、白胡椒粉1/2小匙

做法

1. 将虾仁洗净,挑去肠泥,切丁备用。
2. 将虾仁丁、猪肉泥、葱花及所有调味料放入容器中,搅拌均匀,即成芥末海鲜馅。
3. 将馅料包入饺子皮即可。

美味秘诀

馅料中使用的芥末是蘸热狗用的黄芥末,当然你也可以换成蘸生鱼片的日式芥末,不过其味道较为呛鼻,要斟酌用量。

# 蘑菇鸡肉水饺

 材料

鸡腿肉300克、蘑菇120克、姜末8克、葱花12克、饺子皮300克

调味料

盐2克、鸡粉4克、细砂糖3克、酱油10毫升、米酒10毫升、白胡椒粉1小匙、香油1大匙

做法

1. 烧一锅滚沸的水,放入蘑菇氽烫约10秒,捞出冲凉,沥干切丁,再用手挤去水分,备用。
2. 将鸡腿肉剁碎,放入钢盆中,加盐,搅拌至有黏性,再加入鸡粉、细砂糖、酱油、米酒拌匀。
3. 盆中加入蘑菇丁、葱花、姜末、白胡椒粉及香油,搅拌均匀,即为蘑菇鸡肉馅。
4. 将馅料包入饺子皮即可。

# 洋葱羊肉水饺

### 材料

羊肉250克、洋葱末150克、蒜末2克、饺子皮300克、淀粉1小匙

### 调味料

肉桂粉1小匙、盐3.5克、糖1小匙、胡椒粉少许

### 做法

1. 羊肉洗净剁碎，加入肉桂粉抓匀，腌渍约15分钟备用。
2. 取一大容器，放入洋葱末，加入1小匙盐（分量外）拌匀，再放入羊肉、蒜末、淀粉及调味料，一起搅拌均匀，并轻轻摔打至有黏性，即成洋葱羊肉内馅。
3. 将馅料包入饺子皮即可。

# 青葱牛肉水饺

### 材料

牛肉250克、猪肥肉30克、葱150克、蒜末10克、饺子皮300克、淀粉1小匙

### 调味料

A. 盐3克、鸡粉1小匙、米酒1大匙、胡椒粉少许
B. 香油1大匙

### 做法

1. 牛肉、猪肥肉分别剁碎；葱洗净，沥干水分后切末，备用。
2. 取一大容器，放入牛肉碎末、淀粉及调味料A，一起搅拌均匀，以保鲜膜覆盖后，放入冰箱冷藏腌渍约20分钟。
3. 取出腌渍好的牛肉馅，放入猪肥肉碎末、葱末、蒜末、香油，一起搅拌均匀并摔打至肉馅有黏性，即成牛肉内馅。
4. 将馅料包入饺子皮即可。

# 冬菜牛肉水饺

材料

牛肉泥600克、冬菜30克、水50毫升、蒜酥30克、芹菜末40克、葱花20克、姜末20克、饺子皮450克

调味料

盐3克、细砂糖10克、酱油15毫升、料酒20毫升、白胡椒粉1小匙、香油2大匙

单元②饺子篇

做法

1. 冬菜洗净，沥干后切碎；牛肉泥放入钢盆中，加盐，搅拌至有黏性。
2. 在牛肉泥中加入细砂糖及酱油、料酒拌匀，再将50毫升水分2次加入，一边加水一边搅拌至水分被肉吸收。
3. 继续加入冬菜、蒜酥、芹菜末、葱花、姜末、白胡椒粉及香油，拌匀，即成冬菜牛肉馅。
4. 将馅料包入饺子皮即可。

# 豌豆牛肉水饺

材料

牛肉泥500克、豌豆100克、水50毫升、洋葱丁100克、姜末20克、饺子皮400克

调味料

盐3克、细砂糖10克、酱油15毫升、米酒20毫升、黑胡椒粉1小匙、香油2大匙

做法

1. 豌豆汆烫10秒后冲凉沥干；牛肉泥放入钢盆中，加盐，搅拌至有黏性。
2. 在牛肉泥中加入细砂糖及酱油、米酒拌匀，再将50毫升水分2次加入，一边加水一边搅拌至水分被肉吸收。
3. 继续加入豌豆、洋葱丁、姜末、黑胡椒粉及香油，拌匀，即成豌豆牛肉馅。
4. 将馅料包入饺子皮即可。

# 香辣牛肉水饺

材料

牛肉泥600克、水50毫升、芹菜末50克、葱花30克、姜末30克、饺子皮400克

调味料

盐2克、细砂糖10克、辣椒酱3大匙、米酒20毫升、花椒粉1小匙、香油2大匙

做法

1. 将牛肉泥放入钢盆中，加盐搅拌至有黏性后，加入细砂糖、辣椒酱、米酒、花椒粉拌匀，再将50毫升水分2次加入，一边加水一边搅拌至水分被肉吸收。
2. 加入芹菜末、葱花、姜末及香油，拌匀，即成香辣牛肉馅。
3. 将馅料包入饺子皮即可。

# 西红柿牛肉水饺

材料

牛肉泥500克、西红柿400克、香菜末50克、葱花30克、姜末20克、饺子皮450克

调味料

盐4克、细砂糖20克、番茄酱3大匙、米酒20毫升、黑胡椒粉1小匙、香油2大匙

做法

1. 西红柿洗净切开，将含水量较多的籽瓤去除后切丁；牛肉泥放入钢盆中，加盐后搅拌至有黏性。
2. 在牛肉泥中加入细砂糖、番茄酱和米酒，拌匀。
3. 加入西红柿丁、香菜末、葱花、姜末、黑胡椒粉及香油，拌匀，即成西红柿牛肉馅。
4. 将馅料包入饺子皮即可。

# 青菜水饺

材料

上海青600克、泡发香菇40克、姜末30克、饺子皮450克

调味料

盐1/2小匙、细砂糖1小匙、白胡椒粉1/2小匙、香油2大匙

做法

1. 烧沸一锅水，将上海青洗净后整棵放入锅中，汆烫约30秒后，取出冲冷水至凉，挤去水分后切碎，再用布巾将水分充分挤干。
2. 将泡发香菇洗净，切成细丝备用。
3. 将上海青碎与香菇丝、姜末放入盆中，再加入所有调味料拌匀，即成青菜馅。
4. 将馅料包入饺子皮即可。

美味秘诀

上海青水分含量高，脱水时要特别注意：放入沸水中汆烫后，要先挤干一次，切碎后再用力挤干一次，才能彻底去除水分。

# 雪里红素饺

 材料

雪里红400克、豆干200克、红辣椒30克、姜末30克、饺子皮300克

调味料

盐3克、细砂糖10克、香油2大匙

 做法

1. 雪里红洗净后用手挤去水分，切细；红辣椒洗净，去籽切末；豆干切小丁，备用。
2. 热锅，加3大匙色拉油（材料外），以小火爆香姜末及红辣椒末，再放入豆干丁炒香。
3. 继续加入雪里红、盐及细砂糖，炒至水分收干，加入香油炒匀后盛出放凉，即成雪里红馅。
4. 将馅料包入饺子皮即可。

# 豌豆玉米素饺

 材料

豌豆100克、玉米粒100克、老豆腐500克、泡发香菇80克、姜末30克、饺子皮450克

调味料

盐6克、细砂糖10克、白胡椒粉1/2小匙、香油2大匙

做法

1. 烧沸一锅水，将豌豆及玉米粒汆烫10秒后，冲凉沥干；老豆腐下锅汆烫1分钟后，沥干放凉备用。
2. 泡发香菇洗净，切小丁。
3. 将豆腐抓碎后放入盆中，加入香菇丁、玉米粒、豌豆、姜末拌匀。
4. 加入所有调味料拌匀，即成豌豆玉米馅。
5. 将馅料包入饺子皮即可。

# 香菇魔芋素饺

### 🍲 材料

老豆腐200克、魔芋100克、泡发香菇80克、胡萝卜100克、姜末30克、饺子皮300克

### 🧂 调味料

盐4克、细砂糖10克、白胡椒粉1/2小匙、香油2大匙

### 🍚 做法

1. 魔芋、泡发香菇及胡萝卜洗净，切小丁。烧沸一锅水，将胡萝卜氽烫10秒后冲凉沥干；将魔芋及豆腐分别下锅氽烫1分钟后沥干，放凉备用。
2. 将豆腐抓碎后放入盆中，加入魔芋丁、香菇丁、胡萝卜丁、姜末拌匀。
3. 加入所有调味料拌匀，即成香菇魔芋馅。
4. 将馅料包入饺子皮即可。

# 南瓜蘑菇素饺

### 🍲 材料

南瓜600克、蘑菇80克、豌豆仁100克、姜末30克、饺子皮450克

### 🧂 调味料

盐6克、细砂糖10克、白胡椒粉1/2小匙、香油2大匙

### 🍚 做法

1. 南瓜去皮、去籽，放入蒸笼蒸20分钟后放凉，压成泥备用；蘑菇洗净，切小丁；烧沸一锅水，将蘑菇丁及豌豆仁氽烫10秒后，冲凉沥干。
2. 将南瓜泥放入盆中，加入蘑菇丁、豌豆仁、姜末拌匀。
3. 加入所有调味料拌匀，即成南瓜蘑菇馅。
4. 将馅料包入饺子皮即可。

# 枸杞红薯叶素饺

 材料

红薯叶500克、枸杞子50克、豆干100克、姜末30克、饺子皮400克

调味料

盐6克、细砂糖10克、白胡椒粉1/2小匙、香油2大匙

做法

1. 烧沸一锅水，将红薯叶洗净，入锅氽烫10秒后，捞出冲水至凉，挤去水分后切碎，然后再一次用手挤去水分；枸杞子洗净沥干；豆干切小丁。
2. 将红薯叶碎放入盆中，加入枸杞子、豆干丁、姜末拌匀。
3. 加入所有调味料拌匀，即成枸杞红薯叶馅。
4. 将馅料包入饺子皮即可。

# 金针腐皮水饺

 材料

金针菇400克、胡萝卜丝100克、油炸腐皮60克、饺子皮400克

调味料

盐1小匙、细砂糖2小匙、白胡椒粉1小匙、香油2大匙

做法

1. 烧沸一锅水，将除去尾部的金针菇及胡萝卜丝放入锅中，氽烫30秒后，取出冲冷水至凉，沥干水分，再用布巾将水分吸干。
2. 将油炸腐皮用热水泡软后，挤去水分，切细丝备用。
3. 将做法1、做去2的材料放入盆中，加入香油拌匀，再加入盐、细砂糖及白胡椒粉拌匀，即成金针腐皮馅。
4. 将馅料包入饺子皮即可。

**美味秘诀**

油炸腐皮放久了容易有油耗味，使用前先用水泡软，再放入沸水氽烫，就可以去除油耗味。

# 制作煎饺、锅贴的 技巧

## 煎饺的**包法**

**美味小秘诀** Tips

　　煎饺皮和煎饺馅的分量比例一般为1:2，例如每张煎饺皮重10克，则每份馅料的重量约为20克。可依个人的喜好略微调整。

**做法**
1. 将每张面皮拉成椭圆形，将馅料放在面皮中。
2. 使用拇指与食指将最旁边的两边面皮捏合后，拇指不捏褶、食指将面皮往内收后捏褶，持续地往前捏成饺子状即可。

## 锅贴的**包法**

**美味小秘诀** Tips

　　锅贴皮和锅贴馅的分量比例一般为1:2，例如每张锅贴皮重10克，则每份馅料的重量约为20克。可依个人的喜好略微调整。

**做法**
1. 将每张面皮拉成椭圆形，将馅料舀入面皮中，并将馅料摊成长形。
2. 将面皮从中间对折并捏合，将馅料包覆在面皮中，再将两边的面皮往中间捏合即可。

# 怎么做**煎饺**最好吃?

## 煎饺皮

**技巧1** 煎饺皮或锅贴皮一定要用温水面团来做,这样煎出来的皮才不会又干又硬。

**技巧2** 最好使用不粘锅,煎时可减少用油或不用油,可避免煎出油腻腻的饺皮。

**技巧3** 饺子下锅后可加入适量面粉水、水淀粉或玉米粉水,煎至水分完全收干、底部呈金黄色即可,这样饺皮会更酥脆。

## 煎饺馅

**技巧1** 油脂含量少的鸡肉和海鲜馅,可加入少许猪肉泥混合,使馅料口感滑嫩不干涩。

**技巧2** 肉泥类的馅料一定要先加少许盐,搅拌至有弹性,再分两次加入少许水,拌至水分完全吸收,馅料才会爽滑多汁。

**技巧3** 腥味重的肉类和海鲜馅,可以加姜和少许米酒或料酒去腥。

**技巧4** 煎饺下锅后一定要加水,水量至少淹至饺子的1/3处,加盖煎至水分收干,馅料才会全熟,并有适量汤汁。

# 怎么**煎**饺子?

取锅烧热,加入少许油。

放入生饺子。

加入可淹到饺子1/3处的水量至锅中。

盖上锅盖,焖煮至水干。

煮至饺子外观膨胀即可起锅。

# 塔香猪肉锅贴

### 🍶 材料

猪肉泥500克、罗勒叶100克、水50毫升、姜末20克、葱花30克、饺子皮450克

### 🧂 调味料

盐4克、细砂糖10克、酱油15毫升、料酒20毫升、白胡椒粉1小匙、香油2大匙

### 🥣 做法

1. 罗勒叶洗净后切碎；猪肉泥放入钢盆中，加盐后搅拌至有黏性。
2. 在猪肉泥中加入细砂糖、酱油、料酒拌匀后，将50毫升水分2次加入，一边加水一边搅拌至水分被肉吸收。
3. 加入罗勒叶、葱花、白胡椒粉及香油，拌匀，即成塔香猪肉馅。
4. 将馅料包入饺子皮即可。

# 圆白菜猪肉锅贴

 材料

猪肉泥300克、圆白菜200克、姜末8克、葱末12克、水50毫升、饺子皮300克

调味料

盐4克、鸡粉4克、细砂糖3克、酱油10毫升、米酒10毫升、白胡椒粉1小匙、香油1大匙

做法

1. 圆白菜洗净切丁，加入1克盐抓匀腌渍约5分钟后，挤去水分备用。
2. 猪肉泥放入盆中，加入3克盐，搅拌至有黏性，加入鸡粉、细砂糖、酱油及米酒拌匀后，将水分2次加入，一边加水一边搅拌至水分被肉吸收。
3. 加入姜末、葱末、圆白菜丁、白胡椒粉及香油，拌匀，即成圆白菜猪肉馅。
4. 将馅料包入饺子皮即可。

# 猪肝鲜肉锅贴

 材料

猪肝300克、猪肉泥300克、姜末30克、葱花50克、饺子皮450克、淀粉2大匙

调味料

酱油15毫升、盐3克、细砂糖10克、料酒20毫升、白胡椒粉1小匙、香油2大匙

做法

1. 猪肝洗净后切小丁，加入淀粉及酱油抓匀备用。
2. 猪肉泥放入钢盆中，加盐搅拌至有黏性。
3. 在猪肉泥中加入细砂糖、料酒拌匀，再加入猪肝、姜末、葱花、白胡椒粉及香油，拌匀，即成猪肝鲜肉馅。
4. 将馅料包入饺子皮即可。

# 银芽鸡肉锅贴

### 材料

去皮鸡腿肉400克、绿豆芽300克、韭菜丁80克、葱花40克、姜末20克、饺子皮500克

### 调味料

盐4克、细砂糖10克、酱油15毫升、料酒20毫升、白胡椒粉1小匙、香油2大匙

### 做法

1. 绿豆芽洗净，沥干，切小段；将韭菜丁用开水氽烫1分钟，捞出，用冷水冲凉，沥干水分备用。
2. 将去皮鸡腿肉剁成碎肉，放入钢盆中，加入盐后搅拌至有黏性，再加入细砂糖及酱油、料酒拌匀。
3. 加入绿豆芽、韭菜丁、葱花、姜末、白胡椒粉及香油，拌匀，即成银芽鸡肉馅。
4. 将馅料包入饺子皮即可。

# 荸荠羊肉锅贴

### 材料

羊肉泥500克、荸荠200克、芹菜末50克、姜末30克、葱花30克、饺子皮500克

### 调味料

盐4克、细砂糖10克、酱油15毫升、绍兴酒20毫升、白胡椒粉1小匙、香油2大匙

### 做法

1. 荸荠洗净后切小丁；羊肉泥放入钢盆中，加盐搅拌至有黏性。
2. 在羊肉泥中加入细砂糖、酱油、绍兴酒拌匀。
3. 加入荸荠丁、芹菜末、葱花、姜末、白胡椒粉及香油，拌匀，即成荸荠羊肉馅。
4. 将馅料包入饺子皮即可。

# 茴香猪肉煎饺

 材料

猪肉泥300克、茴
香150克、姜8克、
葱12克、水50毫
升、饺子皮300克

🧂 调味料

盐3.5克、鸡粉4
克、细砂糖3克、
酱油10毫升、米酒
10毫升、白胡椒粉
1小匙、香油1大匙

🥣 做法

1. 茴香洗净,沥干水分后切碎末;姜、葱洗
   净,沥干水分,切碎末,备用。
2. 备一钢盆,放入猪肉泥后加入盐,搅拌至
   有黏性,再加入鸡粉、细砂糖、酱油、米
   酒拌匀,将水分2次加入,一边加水一边搅
   拌至水分被肉吸收。
3. 加入做法1的所有材料、白胡椒粉及香油,
   拌匀,即成茴香猪肉馅。
4. 将馅料包入饺子皮即可。

# 香蒜牛肉煎饺

 材料

牛肉泥200克、猪
肥肉泥100克、香
菜20克、蒜苗50
克、姜8克、葱12
克、水淀粉95毫
升、饺子皮300克

🧂 调味料

盐2克、鸡粉3克、
细砂糖3克、酱油
10毫升、米酒10毫
升、黑胡椒粉1小
匙、香油1大匙

🥣 做法

1. 香菜、蒜苗均洗净,切碎末。
2. 将牛肉泥放入钢盆中加盐后搅拌至有黏性;
   在水淀粉中加入鸡粉、细砂糖、酱油及米酒
   一起拌匀,分2次加入牛肉泥中,一边加水
   一边搅拌至水分被牛肉吸收。
3. 加入猪肥肉泥、香菜末、蒜苗末、黑胡椒
   粉及香油,拌匀,即成香蒜牛肉馅。
4. 将馅料包入饺子皮即可。

# 茄子猪肉煎饺

### 材料

猪肉泥300克、罗勒叶40克、茄子300克、姜末30克、葱花30克、饺子皮450克

### 调味料

盐3克、细砂糖10克、酱油15毫升、料酒20毫升、白胡椒粉1小匙、香油2大匙

### 做法

1. 罗勒叶洗净切碎；茄子洗净，切小丁，热油锅至油温约180 ℃，将茄子丁下锅炸约10秒定色，捞出沥干油后，放凉备用。
2. 猪肉泥放入钢盆中，加盐搅拌至有黏性。
3. 加入细砂糖、酱油、料酒拌匀，再加入茄子丁、罗勒叶、姜末、葱花、白胡椒粉及香油，拌匀，即成茄子猪肉馅。
4. 将馅料包入饺子皮即可。

# 萝卜丝猪肉煎饺

### 材料

猪肉泥300克、白萝卜300克、姜8克、葱20克、水50毫升、饺子皮450克、色拉油1大匙

### 调味料

盐5克、鸡粉4克、细砂糖3克、酱油10毫升、米酒10毫升、白胡椒粉1小匙、香油1大匙

### 做法

1. 白萝卜去皮刨丝，加入2克盐抓匀腌渍约5分钟后，挤去水分；姜、葱分别洗净后切碎末，备用。
2. 热锅，放入1大匙色拉油烧热后，将葱末加入锅中，以小火炒至略焦成葱油后，加入白萝卜丝炒匀，盛起备用。
3. 猪肉泥放入钢盆中，加入3克盐搅拌至有黏性，再加入鸡粉、细砂糖、酱油、米酒拌匀后，将水分2次加入，一边加水一边搅拌至水分被肉吸收。
4. 加入姜末、白萝卜丝、白胡椒粉及香油，拌匀，即成萝卜丝猪肉馅。
5. 将馅料包入饺子皮即可。

# 茭白猪肉煎饺

 材料

猪肉泥300克、茭白
丁300克、胡萝卜丁
80克、姜末30克、
葱花30克、饺子皮
450克

🧂 调味料

盐3克、细砂糖10
克、酱油15毫升、
料酒20毫升、白胡
椒粉1小匙、香油2
大匙

🍵 做法

1. 将茭白丁及胡萝卜丁用开水氽烫1分钟
   后捞出,以冷水冲凉,用手挤去水分,
   备用。
2. 猪肉泥放入钢盆中,加盐搅拌至有
   黏性。
3. 加入细砂糖、酱油、料酒拌匀,最后加
   入茭白丁、胡萝卜丁、姜末、葱花、白
   胡椒粉及香油,拌匀,即成茭白猪肉馅。
4. 将馅料包入饺子皮即可。

# XO酱鸡肉煎饺

🍲 **材料**

去皮鸡腿肉500克、XO酱200克、姜末20克、葱花100克、饺子皮400克

🧂 **调味料**

辣椒酱2大匙、细砂糖20克、料酒20毫升、白胡椒粉1小匙

🍚 **做法**

1. 将XO酱的油沥干，备用。
2. 将去皮鸡腿肉剁碎，放入钢盆中，加入辣椒酱后搅拌至有黏性。
3. 加入细砂糖及料酒拌匀，再加入XO酱、葱花、姜末、白胡椒粉，拌匀，即成XO酱鸡肉馅。
4. 将馅料包入饺子皮即可。

# 香菜牛肉煎饺

🍲 **材料**

牛肉泥200克、猪肥肉泥100克、香菜50克、绿竹笋200克、姜8克、葱12克、水淀粉95毫升、饺子皮350克

🧂 **调味料**

盐4克、鸡粉3克、细砂糖3克、酱油10毫升、米酒10毫升、黑胡椒粉1小匙、香油1大匙

🍚 **做法**

1. 香菜、姜、葱均洗净，切碎末；绿竹笋切丝，放入沸水中氽烫约3分钟，以冷开水冲凉并挤干水分。
2. 牛肉泥加盐，搅拌至有黏性；水淀粉中加入鸡粉、细砂糖、酱油及米酒一起拌匀，分2次加入牛肉泥中，一边加水一边搅拌至水分被牛肉泥吸收。
3. 加入猪肥肉泥、做法1的所有材料、黑胡椒粉及香油，拌匀，即成香菜牛肉馅。
4. 将馅料包入饺子皮即可。

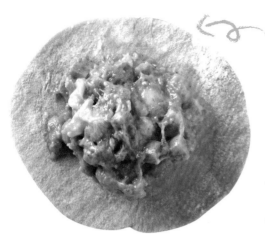

# 咖喱鸡肉煎饺

 材料

土鸡腿肉300克、洋葱末200克、胡萝卜40克、姜末8克、饺子皮350克

调味料

咖喱粉2小匙、盐4克、鸡粉4克、细砂糖3克、米酒10毫升、黑胡椒粉1小匙、香油1大匙

做法

1. 胡萝卜切小丁，放入沸水中氽烫至熟；鸡腿去骨后将肉剁碎，备用。
2. 热锅，放入1大匙色拉油（材料外），放入洋葱末与1小匙咖喱粉，以小火炒约1分钟起锅，放凉备用。
3. 鸡腿肉放入钢盆中，加盐搅拌至有黏性，再加入1小匙咖喱粉、胡萝卜丁、姜末及其余调味料，拌匀，即成咖喱鸡肉馅。
4. 将馅料包入饺子皮即可。

# 鱿鱼鲜虾煎饺

 材料

猪肉泥100克、鲜鱿鱼100克、虾仁100克、姜15克、葱20克、饺子皮300克

调味料

盐2克、鸡粉4克、细砂糖3克、酱油10毫升、米酒15毫升、白胡椒粉1小匙、香油1大匙

 做法

1. 鲜鱿鱼、虾仁洗净，沥干水分后切丁；姜、葱洗净，切碎末，备用。
2. 将猪肉泥、鱿鱼丁、虾仁丁混合后，加盐搅拌至有黏性，再加入鸡粉、细砂糖、酱油、米酒、姜末、葱末、白胡椒粉及香油，拌匀，即成鱿鱼鲜虾馅。
3. 将馅料包入饺子皮即可。

# 香椿素菜馅煎饺

 材料

圆白菜500克、胡萝卜末50克、市售香椿酱2大匙、姜末20克、饺子皮400克

 调味料

盐1/2小匙、细砂糖1小匙、白胡椒粉1/2小匙、香油2大匙

 做法

1. 圆白菜切成约1厘米见方的小片，加入1小匙盐（材料外），搓揉均匀后，放置20分钟脱水，再用清水洗去盐分，挤干水分备用。
2. 将圆白菜片、胡萝卜末、姜末放入盆中，再加入香椿酱、香油拌匀，最后加入盐、细砂糖及白胡椒粉，拌匀，即成香椿素菜馅。
3. 将馅料包入饺子皮即可。

# 制作蒸饺的 技巧

## 叶子形蒸饺的包法

### 美味小秘诀 Tips

蒸饺皮和蒸饺馅的分量比例一般为1∶2，例如每张蒸饺皮重10克，则每份馅料的重量约为20克。可依个人的喜好略微调整。

① 将拌好的馅料舀约20克放到蒸饺面皮上，再将面皮一端往内轻压至往里凹，将凹状的地方捏合。

② 待凹状捏合后，将左边的面皮捏褶进来，再把右边的面皮捏褶进来。

③ 重复做法2的动作，并且往另一端捏合。

④ 待捏至面皮的最前面时，将前面尖端的部分捏合起来，叶子形的饺子即制作完成。

## 虾饺形蒸饺的包法

### 美味小秘诀 Tips

蒸饺皮和蒸饺馅的分量比例一般为1∶2，例如每张蒸饺皮重10克，则每份馅料的重量约为20克。可依个人的喜好略微调整。

① 将拌好的馅料舀约20克放到蒸饺皮上，将饺子皮对折，左端以手指轻轻捏合。

② 右手食指将一边的饺子皮推出褶子，再以左手食指轻压固定。

③ 重复用步骤2的手法，由左端折花至右端。

④ 将上下饺皮以食指和中指捏合封口，使馅料处呈饱满状即可。

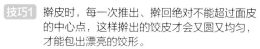

# 怎么做蒸饺最好吃?

## 蒸饺皮

**技巧1** 擀皮时,每一次推出、擀回绝对不能超过面皮的中心点,这样擀出的饺皮才会又圆又均匀,才能包出漂亮的饺形。

**技巧2** 皮和馅的最佳分量比例为1:2,馅料太多不易包成漂亮的形状,蒸时也容易爆开。

**技巧3** 待锅中的水完全滚沸,才可放上蒸笼,大火蒸约6分钟至表皮膨胀即可熄火。

**技巧4** 蒸好时可立即在表面抹上少许香油,可避免饺皮快速变干变硬。

## 蒸饺馅

**技巧1** 水分多的食材要先依特性做脱水处理,这样才不会做出软糊糊的馅料。

**技巧2** 不易熟的食材应先蒸熟或炸熟,这样内馅就不会半生不熟。

**技巧3** 油脂含量少的鸡肉和海鲜馅,可加入少许猪肉泥混合,使馅料口感滑嫩不干涩。

**技巧4** 肉泥类的馅料一定要先加少许盐,搅拌至有弹性,再分2次加入少许水拌至水分完全吸收,馅料才会爽滑多汁。

**技巧5** 腥味重的肉类和海鲜馅,可加适量姜和少许米酒或料酒去腥。

# 怎么蒸饺子?

蒸笼中放入蒸笼纸,再放上饺子。

待锅内的水滚沸了,才可放上蒸笼。

盖上蒸笼盖,蒸约6分钟。

蒸至饺子外观膨胀即可食用。

# 猪肉蒸饺

材料

温水面团500克（做法请见P153）、猪肉泥300克、姜末8克、葱花12克、韭菜150克、水50毫升

调味料

盐3.5克、鸡粉4克、细砂糖3克、酱油10毫升、料酒10毫升、白胡椒粉1小匙、香油1大匙

做法

1. 韭菜洗净，沥干后切碎，备用。
2. 温水面团搓成长条，分割为重约10克的小面团，撒上少许面粉，以手掌轻压成圆扁状，然后以擀面棍擀成面皮，擀完所有小面团，备用。
3. 猪肉泥放入钢盆中，加盐搅拌至有黏性，再加入鸡粉、细砂糖、酱油以及料酒拌匀，将50毫升水分2次加入，一边加水一边搅拌至水分被猪肉泥吸收。
4. 加入葱花、姜末、白胡椒粉以及香油拌匀，再加入韭菜碎拌匀即为内馅；取擀好的面皮包入约25克内馅，包成蒸饺形状后放入蒸笼，以大火蒸约5分钟即可。

# 上海青猪肉蒸饺

材料

猪肉泥300克、姜8克、葱12克、上海青200克、水50毫升、饺子皮350克

调味料

盐3.5克、鸡粉3克、细砂糖3克、酱油10毫升、米酒10毫升、白胡椒粉1/2小匙、香油1大匙

做法

1. 上海青洗净，汆烫约1分钟，冲凉挤干后切碎；姜洗净，切末；葱洗净，切碎，备用。
2. 猪肉泥放入盆中，加盐搅拌至有黏性，再加入鸡粉、细砂糖及酱油、米酒拌匀后，将50毫升水分2次加入，一边加水一边搅拌，至水分被肉吸收为止，最后加入上海青末、葱碎、姜末、白胡椒粉及香油，拌匀即成馅料。
3. 将馅料包入饺子皮即可。

# 芋头猪肉蒸饺

### 🥔 材料

猪肉泥500克、芋头400克、水50毫升、葱花30克、姜末30克、饺子皮650克

### 🧂 调味料

盐6克、细砂糖12克、酱油15毫升、料酒20毫升、白胡椒粉1小匙、香油2大匙

### 🍵 做法

1. 芋头洗净，沥干水分，刨丝备用。
2. 猪肉泥放入钢盆中，加盐搅拌至有黏性，继续加入细砂糖、酱油及料酒拌匀后，将50毫升水分2次加入，一边加水一边搅拌至水分被肉吸收。
3. 加入芋头丝、葱花、姜末、白胡椒粉及香油，拌匀，即成芋头猪肉馅。
4. 将馅料包入饺子皮即可。

# 榨菜猪肉蒸饺

 材料

猪肉泥500克、榨菜200克、水50毫升、红辣椒末80克、葱花30克、姜末30克、饺子皮500克

调味料

盐4克、细砂糖10克、酱油15毫升、绍酒20毫升、白胡椒粉1小匙、香油2大匙

做法

1. 榨菜洗净，切碎后沥干水分备用。
2. 猪肉泥放入钢盆中，加入盐后搅拌至有黏性，加入细砂糖、酱油、绍酒拌匀后，将50毫升水分2次加入，一边加水一边搅拌至水分被肉吸收。
3. 加入榨菜末、红辣椒末、葱花、姜末、白胡椒粉及香油，拌匀，即成榨菜猪肉馅。
4. 将馅料包入饺子皮即可。

# 海菜猪肉蒸饺

 材料

猪肉泥500克、鲜海菜300克、水50毫升、葱花30克、姜末30克、饺子皮600克

调味料

盐6克、细砂糖10克、酱油15毫升、绍酒20毫升、白胡椒粉1小匙、香油2大匙

做法

1. 鲜海菜洗净后沥干水分备用。
2. 猪肉泥放入钢盆中，加盐搅拌至有黏性，加入细砂糖、酱油、绍酒拌匀后，将50毫升水分2次加入，一边加水一边搅拌至水分被肉吸收。
3. 加入鲜海菜、葱花、姜末、白胡椒粉及香油，拌匀，即成海菜猪肉馅。
4. 将馅料包入饺子皮即可。

# 韭菜粉丝蒸饺

 材料

韭菜150克、豆干100克、粉丝50克、虾皮8克、葱花20克、饺子皮300克

调味料

盐3克、细砂糖10克、白胡椒粉1小匙、香油2大匙

做法

1. 粉丝泡水约20分钟至涨发后切小段；豆干切小丁；韭菜洗净沥干，切末备用。
2. 热锅，以小火爆香葱花、豆干丁及虾皮后，取出放凉，加入粉丝段及韭菜末拌匀。
3. 加入所有调味料拌匀，即成韭菜粉丝馅。
4. 将馅料包入饺子皮即可。

# 辣椒猪肉蒸饺

 材料

猪肉泥300克、红辣椒60克、青辣椒60克、姜8克、葱12克、水50毫升、饺子皮300克

材料 调味料

盐1/2小匙、鸡粉4克、细砂糖4克、酱油10毫升、米酒10毫升、香油1大匙

做法

1. 红辣椒、青辣椒去籽，切成碎末；姜与葱洗净，切成细末，备用。
2. 猪肉泥加盐，搅拌至有黏性，加入鸡粉、细砂糖、酱油及米酒，一起搅拌均匀备用。
3. 将水分2次加入猪肉泥中，一边加水一边搅拌至水分被吸收，再加入做法1的所有材料与香油，搅拌均匀，即成辣椒猪肉馅。
4. 将馅料包入饺子皮即可。

# 韭菜猪肉蒸饺

材料

猪肉泥300克、韭菜150克、姜8克、葱12克、水50毫升、饺子皮400克

调味料

盐3.5克、鸡粉4克、细砂糖3克、酱油10毫升、米酒10毫升、白胡椒粉1小匙、香油1大匙

做法

1. 韭菜、姜与葱分别洗净，切成碎末，备用。
2. 猪肉泥加盐，搅拌至有黏性后，加入鸡粉、细砂糖、酱油及米酒拌匀备用。
3. 将水分2次加入猪肉泥中，一边加水一边搅拌至水分被吸收，再加入韭菜末、姜末、葱末、白胡椒粉与香油，搅拌均匀，即成韭菜猪肉馅。
4. 将馅料包入饺子皮即可。

# 孜然香葱牛肉蒸饺

### 材料

牛肉泥500克、芹菜末150克、香菜末30克、葱花30克、姜末20克、饺子皮600克

### 调味料

盐6克、孜然粉1小匙、细砂糖20克、酱油15毫升、米酒20毫升、黑胡椒粉1小匙、香油2大匙

### 做法

1. 牛肉泥放入钢盆中，加入盐后搅拌至有黏性，再加入孜然粉、细砂糖、酱油、米酒拌匀。
2. 加入芹菜末、香菜末、葱花、姜末、黑胡椒粉及香油，拌匀，即成孜然香葱牛肉馅。
3. 将馅料包入饺子皮即可。

# 酸白菜牛肉蒸饺

### 材料

牛肉泥500克、酸白菜500克、水50毫升、葱花50克、姜末30克、饺子皮650克

### 调味料

盐5克、细砂糖15克、酱油15毫升、料酒20毫升、白胡椒粉1小匙、香油2大匙

### 做法

1. 酸白菜洗净后挤干水分，切碎备用。
2. 牛肉泥放入钢盆中，加入盐后搅拌至有黏性，续加入细砂糖、酱油及料酒，拌匀后，将50毫升水分2次加入，一边加水一边搅拌至水分被肉吸收。
3. 加入酸白菜、葱花、姜末、白胡椒粉及香油，拌匀，即成酸白菜牛肉馅。
4. 将馅料包入饺子皮即可。

# 韭菜牛肉蒸饺

🫐 材料

牛肉泥200克、肥猪肉泥100克、韭菜150克、姜8克、葱12克、水淀粉95毫升、饺子皮400克

🧂 调味料

盐3克、鸡粉3克、细砂糖3克、酱油10毫升、米酒10毫升、黑胡椒粉1小匙、香油1大匙

🍲 做法

1. 韭菜、姜、葱分别洗净，沥干水分后，切碎末，备用。
2. 牛肉泥放入盆中，加入盐搅拌至有黏性，再加入鸡粉、细砂糖、酱油及米酒，拌匀备用。
3. 水淀粉分2次加入牛肉泥中，一边加水一边搅拌至水分被牛肉吸收后，再加入猪肥肉泥搅拌均匀。
4. 加入做法1的所有材料、黑胡椒粉及香油拌匀，即成韭菜牛肉馅。
5. 将馅料包入饺子皮即可。

# 芹菜羊肉蒸饺

 材料

羊肉泥500克、芹菜末150克、水50毫升、葱花30克、姜末30克、饺子皮650克

🧂 调味料

盐6克、细砂糖10克、酱油15毫升、料酒20毫升、白胡椒粉1小匙、香油2大匙

 做法

1. 羊肉泥放入钢盆中，加入盐后搅拌至有黏性。
2. 加入细砂糖、酱油、料酒拌匀后，将50毫升水分2次加入，一边加水一边搅拌至水分被肉吸收。
3. 加入芹菜末、葱花、姜末、白胡椒粉及香油，拌匀，即成芹菜羊肉馅。
4. 将馅料包入饺子皮即可。

# 花瓜鸡肉蒸饺

🫐 材料

A. 花瓜丁1/4杯、鸡肉末1杯、韭黄末1/3杯
B. 饺子皮15张

🧂 调味料

盐1小匙、糖2/3大匙、白胡椒粉1大匙、香油2/3大匙

  做法

1. 将材料A与所有调味料一起搅拌均匀即成馅料。
2. 准备一只已抹上油的平盘，将适量馅料包入饺子皮中，再将包好的饺子依序排入平盘，饺子与饺子之间要留有空隙，并在饺子皮上喷少许水备用。
3. 准备一只炒锅，架上不锈钢蒸架，注水至超过蒸架约1厘米，等水煮沸后，将平盘放入，加盖以大火蒸12~15分钟，起锅即可。

# 木耳鸡肉蒸饺

### 材料
去皮鸡腿肉400克、泡发黑木耳150克、胡萝卜丁80克、葱花40克、姜末20克、饺子皮450克

### 调味料
盐4克、细砂糖10克、酱油15毫升、料酒20毫升、白胡椒粉1小匙、香油2大匙

### 做法
1. 将泡发黑木耳洗净，切小丁；将胡萝卜丁用开水汆烫1分钟后，冲凉沥干水分，备用。
2. 将去皮鸡腿肉剁碎，放入钢盆中，加入盐后搅拌至有黏性，继续加入细砂糖及酱油、料酒拌匀。
3. 加入黑木耳丁、胡萝卜丁、葱花、姜末、白胡椒粉及香油，拌匀，即成木耳鸡肉馅。
4. 将馅料包入饺子皮即可。

# 腊味鸡肉蒸饺

### 材料
去皮鸡腿肉500克、腊肠100克、葱花40克、香菜末30克、姜末20克、饺子皮500克

### 调味料
盐4克、细砂糖10克、酱油15毫升、料酒20毫升、白胡椒粉1小匙、香油2大匙

### 做法
1. 将腊肠放入电锅，外锅加半杯水，蒸至跳起后取出放凉，切小丁备用。
2. 将去皮鸡腿肉剁碎，放入钢盆中，加入盐后搅拌至有黏性，继续加入细砂糖、酱油、料酒拌匀。
3. 加入腊肠丁、葱花、香菜末、姜末、白胡椒粉及香油，拌匀，即成腊味鸡肉馅。
4. 将馅料包入饺子皮即可。

# 韭黄猪肉虾仁蒸饺

 材料

猪肉泥300克、韭黄300克、虾仁200克、葱花40克、姜末20克、饺子皮650克

🧂 调味料

盐7克、细砂糖12克、米酒20毫升、白胡椒粉1小匙、香油2大匙

🍚 做法

1. 韭黄洗净，沥干后切末；虾仁洗净，用厨房纸巾吸干或布擦干水分，用刀切成小粒。
2. 将虾仁及猪肉泥放入钢盆中，加盐后搅拌至有黏性，再加入细砂糖及米酒拌匀。
3. 加入韭黄末、葱花、姜末、白胡椒粉及香油，拌匀，即成韭黄猪肉馅。
4. 将馅料包入饺子皮即可。

# 虾仁豆腐蒸饺

🍚 材料

虾仁400克、老豆腐200克、葱花50克、姜末30克、饺子皮500克、淀粉10克

🧂 调味料

盐6克、细砂糖10克、白胡椒粉1小匙、香油2大匙

🍚 做法

1. 虾仁洗净，用厨房纸巾吸干水分，切小丁；烧沸一锅水，将老豆腐下锅余烫1分钟后，沥干放凉抓碎，备用。
2. 将虾仁放入钢盆中，加盐搅拌至有黏性，再加入细砂糖及老豆腐拌匀。
3. 加入葱花、姜末、淀粉、白胡椒粉及香油，拌匀，即成虾仁豆腐馅。
4. 将馅料包入饺子皮即可。

# 制作炸饺的 技巧

## 花边形炸饺的包法

美味小秘诀 Tips

炸饺皮和炸饺馅的分量比例一般为2∶3，例如每张炸饺皮重10克，则每份馅料的重量为15克。可依个人的喜好略微调整。

① 手掌呈弯形放上饺子皮，并放入适量的馅料。

② 饺子皮对折并用食指将两侧往内压。

③ 将饺子皮4个角稍微捏紧封口。

④ 以右手拇指及食指捏住右顶端，将变薄的外缘向下按捏成花边纹路，不断重复按捏，从右按捏至左端底处即完成。

## 波浪形炸饺的包法

美味小秘诀 Tips

包饺子时，沾水是为了增加饺子皮的黏性，沾水宽度在1厘米左右为最佳，若沾水太少则不容易黏合。

 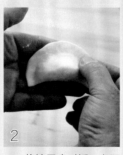  

① 将拌好的馅料舀约15克放到饺皮上，在半边饺子皮边缘1厘米处抹水。

② 将饺子皮对折，上下饺皮紧密捏合。

③ 左手捏住左端，右手大拇指和食指并用，将边缘推成扇形褶子。

④ 左右手用力将扇形褶子压紧，即成波浪形炸饺。

# 怎么**做炸饺**最好吃？

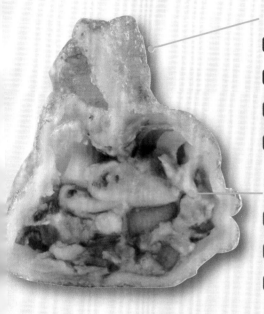

## 炸饺皮

**技巧1** 擀皮时，一定要擀成中间厚、边缘薄，这样饺子封口处就不会太厚，包馅的地方也不容易破皮。

**技巧2** 皮和馅的最佳分量比例为2：3，这样做出来的炸饺才会皮薄馅足。

**技巧3** 如果饺子有破皮，下锅前可先沾一些干的淀粉再入锅炸，可保持形状完好。

**技巧4** 锅中热油要足以淹过饺子，油温达160 ℃时才下锅，这样炸起来的皮才会酥松。

## 炸饺馅

**技巧1** 水分多的食材要先依其特性做脱水处理，才不会做出软糊糊的馅料。

**技巧2** 高温油炸外皮熟得快，不易熟的食材应先蒸熟或炸熟，以免外皮焦黄而内馅未熟。

**技巧3** 油炸时先开小火让饺子略浸泡一下，再转中火炸，内馅较容易熟透，又不会提早把外皮炸焦。

# 怎么**炸饺子**？

锅中加入油，烧热至约160 ℃。

将生水饺放入油锅中，开中火随时翻动，就能让饺子上色均匀，且不焦底。

炸至水饺外观呈金黄色，即可关火捞起沥油。

103

# 豆沙酥饺

材料

发酵面团200克（做法
请见P155）、无盐奶油
10克、豆沙200克

做法

1. 将无盐奶油加入发酵面团中揉至均匀。
2. 将面团分成每个重约20克的小面团，然后擀成圆形面皮。
3. 在每张面皮中包入约10克豆沙后捏成花饺形。
4. 热一锅油，烧至油温约160℃后将花饺下入油锅，以小火炸，待花饺浮起后，开中火炸至表皮略呈金黄色即可。

# 甜菜鸡肉炸饺

### 材料

去皮鸡腿肉400克、甜菜根300克、葱花40克、姜末20克、饺子皮600克、淀粉2大匙

### 调味料

盐4克、细砂糖10克、酱油15毫升、料酒20毫升、白胡椒粉1小匙、香油2大匙

### 做法

1. 甜菜根洗净，去皮刨丝，沥干水分备用。
2. 去皮鸡腿肉剁碎，放入钢盆中，加入盐后搅拌至有黏性，再加入细砂糖及酱油、料酒拌匀。
3. 加入甜菜根丝、葱花、姜末、淀粉、白胡椒粉及香油，拌匀，即成甜菜鸡肉馅。
4. 将馅料包入饺子皮即可。

# 红薯肉末炸饺

材料

红薯400克、猪肉泥200克、红葱头末30克、蒜末30克、色拉油2大匙、葱花60克、饺子皮500克

### 调味料

A. 盐3克、细砂糖5克、白胡椒粉1/2小匙
B. 盐5克、白胡椒粉1/2小匙、香油2大匙

### 做法

1. 红薯去皮后切厚片，盛盘放入电锅，外锅加1杯水，蒸约20分钟后取出，压成泥。
2. 热锅，放入2大匙色拉油，以小火炒香红葱头末及蒜末后，放入猪肉泥炒散，加入调味料A，小火炒至水分收干后取出放凉。
3. 将红薯泥放入盆中，加入调味料B拌匀，再将做法2的材料及葱花加入其中，拌匀，即成红薯肉末馅。
4. 将馅料包入饺子皮即可。

# 培根土豆炸饺

 材料

土豆500克、培根200克、蒜末30克、色拉油3大匙、巴西里末60克、饺子皮600克

**调味料**

盐5克、白胡椒粉1/2小匙、细砂糖12克

**做法**

1. 土豆去皮后切厚片，盛盘放入电锅，外锅加1杯水，蒸约20分钟后取出，压成泥备用；培根切小丁，备用。
2. 热锅，放入3大匙色拉油，将培根丁和蒜末以小火炒香，然后取出放凉。
3. 将炒好的培根丁加入薯泥中，再加入巴西里末及所有调味料，拌匀，即成培根土豆馅。
4. 将馅料包入饺子皮即可。

# 抹茶奶酪炸饺

**材料**

市售抹茶豆沙馅300克、奶酪片150克、饺子皮300克

**做法**

1. 将奶酪片切成每块约5克重的小块。
2. 取10克左右的抹茶豆沙馅，再加入奶酪块，最后用饺子皮包成饺形。
3. 热锅，加入半锅油烧至油温约160℃，将包好的饺子放入油锅中，开中火随时翻动，使饺子上色均匀。
4. 待饺子炸至外观呈金黄色时关火，捞起沥油即可。

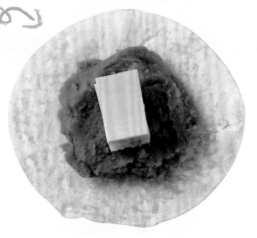

# 韭菜牡蛎炸饺

**材料**

猪肉泥300克、牡蛎300克、韭菜100克、葱花30克、姜末20克、饺子皮550克

**调味料**

盐4克、细砂糖10克、酱油15毫升、米酒20毫升、白胡椒粉1小匙、香油2大匙

 做法

1. 韭菜洗净后切碎；牡蛎洗净后沥干水分，备用。
2. 猪肉泥放入钢盆中，加盐后搅拌至有黏性，再加入细砂糖及酱油、米酒拌匀。
3. 加入韭菜末、葱花、姜末、白胡椒粉及香油拌匀，包时再加入牡蛎，即成韭菜牡蛎馅。
4. 将馅料包入饺子皮即可。

# 椰子毛豆炸饺

 材料

毛豆2大匙、椰子粉1杯、鸡蛋1个、饺子皮300克、面粉1/2大匙

调味料

糖1.5大匙

做法

1. 将毛豆汆烫后捞起沥干备用。
2. 取一容器，将椰子粉、鸡蛋打入，稍加搅拌后，将熟毛豆、1/2大匙面粉及调味料一起放入，搅拌均匀，即成椰子毛豆馅。
3. 取饺子皮，每张放入适量馅料包好。
4. 热锅，加入半锅油，烧至油温约160℃，将包好的饺子放入油锅中，开中火随时翻动，使饺子上色均匀。
5. 待饺子炸至外观呈金黄色时关火，捞起沥油即可。

# 综合海鲜炸饺

 材料

A. 猪肉泥50克、蛤蜊肉1/3杯、鱼肉丁1/2杯、虾肉丁1/3杯、姜末1大匙、葱花3大匙、淀粉2大匙、面粉1/2大匙
B. 饺子皮15张

调味料

白胡椒粉1大匙、盐4克

做法

1. 将材料A与所有调味料一起放入容器中，搅拌均匀，制成综合海鲜馅备用。
2. 将馅料包入饺子皮中制成饺子，并整齐排放至已涂抹油的平盘中。
3. 热锅，加入半锅油，烧至油温约160℃，将包好的饺子放入油锅中，开中火随时翻动，使饺子上色均匀。
4. 炸至饺子外观呈金黄色时关火，捞起沥油即可。

# 包子、馒头、卷子篇

膨松柔软、香气扑鼻的包子和馒头，只要掌握秘诀，料理新手也会做。

# 擀出均匀的 包子皮

做好发酵面团后,除了可以拿来做原味馒头,也可以拿来做包子皮。学会做包子皮之后,只要内馅稍作变化,就能变化出各种不同口味的美味包子,天天换着吃也不会腻!现在就跟着大厨学如何擀出松软、均匀的包子皮吧!(发酵面团的做法请见P155)

1 将醒发好的发酵面团揉成长条状。

2 分切成数等份,切面朝上摆好。

3 将分割好的面团先用手稍微压扁。

4 一只手拉面皮,另一手用擀面棍将面皮压过。

5 延续做法4,力道均匀地用擀面棍将面皮压均匀。

6 均匀地擀出边缘薄中间厚的包子皮即可。

# 包出漂亮的 包子

## 包法1：包子形

 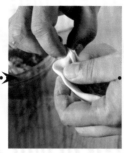 

### 步骤

1 取包子皮，填入适量的馅料；从其中一端，先慢慢地一折一折叠起。

2 继续一折一折地将包子皮捏紧；包至最后时，将收口稍微转紧，再捏住即可。

## 包法2：圆形

### 步骤

1 填入适量的馅料。

2 用皮包住馅，包成圆形。

3 收口捏紧朝下压即可。

## 包法3：柳叶形

1 取包子皮，填入适量的馅料，从尾端开始捏起。

2 把皮一折一折叠起，包成柳叶形，包至最后时，将收口收紧即可。

## 包法4：三角形

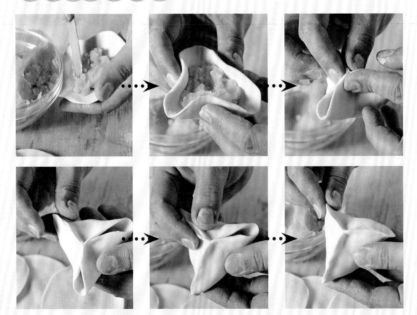

步骤

1 取包子皮，填入适量的馅料，如图从包子皮三边的中点往前压。

2 继续将步骤1往中心点压紧，最后将三边捏紧即可。

# 蒸出美味的 包子、馒头

　　一般用发酵面团做的包子、馒头，只有"蒸"才能完全表现其蓬松外形。家里用的蒸笼大多是普通小型木制或铁制的，铁制蒸笼方便收纳，但却不如木制蒸笼蒸出来的香。

## 做法

1. 蒸笼内放湿布或不粘纸。
2. 放入包子或馒头，并注意需留好间隔。
3. 锅中放入8分满的水。
4. 待锅内水煮至滚沸。
5. 将蒸笼盖紧，放至锅上蒸。（若担心最下层浸水潮湿，可多放一层蒸笼。）

Tips 　蒸好的包子或馒头一定要及时移出蒸笼，否则待凉后就会粘纸。另外，如果面团发酵不完全，蒸好后一开盖就会凹陷。

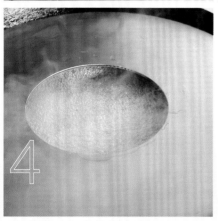

# 鲜肉包

 材料

发酵面团500克（做法请见P155）、猪肉泥600克、姜末20克、葱花80克

调味料

盐6克、鸡粉8克、细砂糖10克、酱油30毫升、米酒30毫升、白胡椒粉1小匙、五香粉1小匙、香油3大匙

做法

1. 猪肉泥放入钢盆中，加盐后搅拌至有黏性。
2. 加入鸡粉、细砂糖及酱油、米酒、白胡椒粉、五香粉拌匀。
3. 加入葱花、姜末、香油拌匀成肉馅。
4. 将发酵面团搓成长条（见图1），分成每个重约40克的小面团（见图2），盖上湿布，醒约20分钟后，擀开成圆形面皮（见图3~4）。
5. 每张面皮包入约40克肉馅，包成包子形（见图5~8）。
6. 将包好的包子排放入蒸笼（须预留膨胀的空间），盖上盖子，静置醒发约30分钟。
7. 开炉火煮水，待蒸汽升起时，将醒好的包子以大火蒸约15分钟即可。

单元 ❸ 包子、馒头、卷子篇

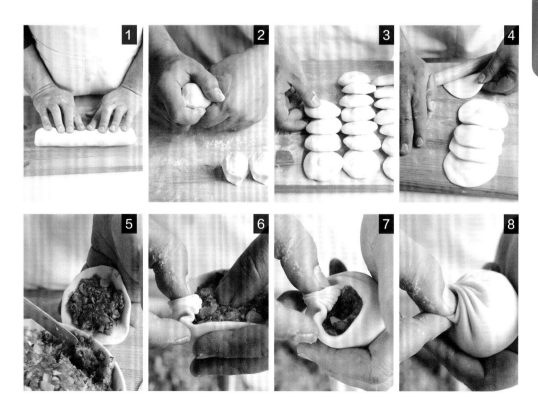

# 小笼汤包

## 🍱 材料

温水面团300克（做法请见P153）、皮冻300克、猪肉泥300克、姜末8克、葱花12克、水50毫升

## 🧂 调味料

盐3.5克、鸡粉4克、细砂糖3克、酱油10毫升、料酒10毫升、白胡椒粉1小匙、香油1大匙

## 🍚 做法

1. 猪肉泥放入钢盆中，加盐搅拌至有黏性，再加入鸡粉、细砂糖、酱油及料酒拌匀，将50毫升水分2次加入，一边加水一边搅拌至水分被肉吸收。
2. 加入姜末、白胡椒粉以及香油拌匀；包之前再加入皮冻和葱花，拌匀成内馅。
3. 将温水面团分割成每个约8克的小面团，以擀面棍擀成直径约6厘米的圆形面皮，取一张面皮包入约20克内馅，包成包子形，重复上述步骤至材料用完。
4. 将包好的包子放入蒸笼，待锅内水煮至沸腾，将蒸笼盖紧，放置锅上用大火蒸约6分钟即可。

## 皮冻制作

材料：A.猪皮500克、鸡爪300克 B.葱段40克、姜片75克 C.水200毫升

做法：1.将猪皮和鸡爪放入滚沸的锅中氽烫，捞起冲冷开水至凉洗净，刮除多余油脂后切碎，备用。2.取锅，倒入水、葱段、姜片和做法1的材料，煮开后转小火煮约2小时，待水剩下约2/3的量、鸡爪的皮脱落时熄火。3.将做法2的汤汁过滤，倒入另一干净的锅中，趁余温加入盐拌匀，放进冰箱冷藏约6小时至冰透，取出抓碎即可。

# 小笼汤包皮做法
## 大解析

只满分的小笼汤包，除了口齿留香的馅料，还有那滑软有弹性的外皮。然而，如何擀出好吃的小笼汤包皮，也是一门学问。现在就按照以下的步骤一步步来学习如何擀出好吃的面皮吧！

**物品** ●●○○

擀面棍以直径约1厘米，棍长为25～30厘米为宜。

**做法** ●●○○

**1** 将面团搓揉成长条后，切成每个重约8克的小面团。

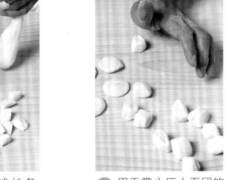

**2** 用手掌心压小面团的断口，将小面团压平。

**3** 撒上一些面粉。

**4** 用擀面棍以平均的力道推出去擀面团，约擀至面团的1/3处即要拉回擀面棍。

**5** 以更轻的力道拉回擀面棍，同时用另一只手转动面皮。

**6** 重复上述动作，擀至面皮的中间比较厚边缘比较薄时，即完成了小笼汤包面皮的擀制。

# 虾仁鲜肉包

### 材料

发酵面团1份（做法请见P155）、草虾仁200克、猪肉泥400克、姜末20克、葱花80克、淀粉1大匙

### 调味料

盐1小匙、细砂糖2小匙、酱油2大匙、米酒30毫升、白胡椒粉1小匙、香油3大匙

### 做法

1. 虾仁洗净；将猪肉泥与虾仁放入钢盆中，加盐搅拌至有黏性。
2. 继续加入细砂糖及淀粉、酱油、米酒、白胡椒粉拌匀，再加入姜末、葱花、香油，拌匀，制成虾仁肉馅，备用。
3. 将发酵面团分成20份，盖上湿布，醒约20分钟后擀成圆形面皮。
4. 每张面皮包入约30克虾仁肉馅，包成包子形。
5. 将包好的包子排放入蒸笼，盖上盖子，静置醒发约30分钟。
6. 开炉火，待蒸汽升起时，将醒好的包子以大火蒸约15分钟即可。

# 圆白菜包

### 材料

发酵面团1份（做法请见P155）、圆白菜300克、胡萝卜50克、泡发香菇30克

### 调味料

盐3克、鸡粉4克、细砂糖5克、白胡椒粉1小匙、香油3大匙

### 做法

1. 圆白菜切成约2厘米见方的片状，放入钢盆中，再放入切成细丝的胡萝卜和泡发香菇。
2. 加入所有调味料拌匀即为圆白菜馅。
3. 将发酵面团分成每个重约40克的小面团，盖上湿布，醒约20分钟后擀成圆形面皮，每张面皮包入约30克圆白菜馅，包成叶子形。
4. 将包好的包子排放入蒸笼，盖上盖子，静置醒发约30分钟。
5. 开炉火，待蒸汽升起时，将醒好的包子以大火蒸约15分钟即可。

# 小笼包

 材料

发酵面团1份（做法请见P155）、水100毫升、猪肉泥600克、姜末20克、葱花200克

 调味料

盐3克、鸡粉8克、细砂糖10克、酱油1大匙、料酒30毫升、白胡椒粉1小匙、香油3大匙

做法

1. 猪肉泥放入钢盆中，加盐搅拌至有黏性。
2. 放入鸡粉、细砂糖、酱油、料酒、白胡椒粉及水调匀，再加入葱花、姜末和香油拌匀，放入冰箱内冰凉即为肉馅。
3. 将发酵面团分成每个重约20克的小面团，盖上湿布，醒约20分钟后擀成圆形面皮，每张面皮包入约20克肉馅，包成包子形。
4. 将包好的包子排放入蒸笼，盖上盖子，静置醒发约30分钟。
5. 开炉火，待蒸汽升起时，将醒好的包子以大火蒸约12分钟即可。

# 菜肉包

 材料

发酵面团1份（做法请见P155）、圆白菜600克、猪肉泥300克、姜末20克、葱花40克

调味料

盐3克、鸡粉4克、细砂糖5克、酱油15毫升、米酒20毫升、白胡椒粉1小匙、香油2大匙

做法

1. 圆白菜切成约1厘米见方的片状，加入1小匙盐（分量外）搓揉均匀后，放置20分钟使其脱水，再挤干水分备用。
2. 猪肉泥放入钢盆中，加盐后搅拌至有黏性，放入鸡粉、细砂糖、酱油、米酒和白胡椒粉拌匀。
3. 加入圆白菜和葱花、姜末、香油拌匀后，放入冰箱中冰凉即为菜肉馅。
4. 将发酵面团分成每个重约40克的小面团，盖上湿布，醒约20分钟后擀成圆形面皮，每张面皮包入约30克菜肉馅，包成包子形。
5. 将包好的包子排放入蒸笼，盖上盖子，静置醒发约30分钟。
6. 开炉火，待蒸汽升起时，将醒好的包子以大火蒸约15分钟即可。

# 韭菜粉丝包

材料

发酵面团1份（做法请见P155）、韭菜400克、粉丝120克、虾皮5克、姜末10克

调味料

盐1小匙、细砂糖2小匙、白胡椒粉1小匙、香油4大匙

做法

1. 将粉丝泡水30分钟至完全涨发后，切成长约3厘米的小段（见图1~2）；韭菜洗净沥干，切成长约1厘米的小段（见图3），备用。
2. 将粉丝段和韭菜段放入盆中，加入虾皮、香油拌匀，加入姜末、盐、细砂糖、白胡椒粉，拌匀即为韭菜馅（见图4~6）。
3. 将发酵面团均分成20份（每份40克左右）（见图7），盖上湿布，醒约20分钟，再将醒好的面团擀成圆形面皮（见图8），每张面皮包入约30克的肉馅（见图9），包成包子形（见图10）。
4. 将包好的包子排放入蒸笼，盖上盖子，静置醒发约30分钟（见图11）。
5. 开炉火，待蒸汽升起时将蒸笼放上，以大火蒸约10分钟即可（见图12）。

# 韭菜包

### 材料

发酵面团1份（做法请见P155）、猪肉泥300克、韭菜200克、姜8克、葱12克

### 调味料

盐4克、细砂糖3克、酱油10毫升、料酒10毫升、白胡椒粉1小匙、香油1大匙

### 做法

1. 韭菜洗净，沥干后切碎；姜洗净，切末；葱洗净，切碎，备用。
2. 猪肉泥放入钢盆中，加入盐后搅拌至有黏性，加入细砂糖及酱油、料酒拌匀，再加入做法1的所有材料、白胡椒粉及香油拌匀，放入冰箱冰凉，即为韭菜肉馅。
3. 将发酵面团分成每个重约40克的小面团，盖上湿布，醒约20分钟后擀成圆形面皮，每张面皮包入约30克韭菜肉馅，包成包子形。
4. 将包好的包子排放入蒸笼，盖上盖子，静置醒发约30分钟。
5. 开炉火，待蒸汽升起时，将醒好的包子以大火蒸约15分钟即可。

# 竹笋卤肉包

 材料

发酵面团1份（做法请见P155）、色拉油适量、竹笋丁200克、胡萝卜丁80克、猪肉泥100克、红葱头50克、泡发香菇6朵、水100毫升

 调味料

酱油1大匙、盐1/2小匙、细砂糖1大匙

### 做法

1. 将竹笋丁及胡萝卜丁放入沸水中汆烫约5分钟，捞出冲冷水，待凉后沥干备用。
2. 红葱头洗净切碎，泡发香菇洗净切丁，一起放入加有少许油的热锅中，以小火爆香。
3. 加入猪肉泥、所有调味料和做法1的材料，煮开后转小火煮约5分钟至汤汁收干，取出放凉，再放入冰箱冰凉，即为竹笋卤肉馅。
4. 将发酵面团分成每个重约40克的小面团，盖上湿布，醒约20分钟后擀成圆形面皮，每张面皮包入约30克竹笋卤肉馅，包成包子形。
5. 将包好的包子排放入蒸笼，盖上盖子，静置醒发约30分钟。
6. 开炉火，待蒸汽升起时，将醒好的包子以大火蒸约15分钟即可。

# 开洋白菜包

 材料

发酵面团1份（做法请见P155）、大白菜1000克、虾米50克、姜末30克

调味料

盐1小匙、细砂糖1小匙、白胡椒粉1/2小匙、香油2大匙

做法

1. 将大白菜洗净切块，然后煮一锅沸水，将大白菜块入锅煮约1分钟，取出沥干放凉；将虾米入锅余烫1分钟后冲凉，沥干备用。
2. 将放凉的大白菜挤干水分后切细，再用手将多余水分挤干。
3. 将大白菜与虾米放入盆中，加入所有调味料拌匀，即成开洋白菜馅。
4. 将发酵面团分成20份（每份40克左右），盖上湿布，醒约20分钟后擀成圆形面皮。
5. 在每一张圆形面皮中包入约30克开洋白菜馅，包成包子形。
6. 将包好的包子排放入蒸笼，盖上盖子，静置醒发约30分钟。
7. 开炉火，待蒸汽升起时，将醒好的包子以大火蒸约15分钟即可。

单元❸ 包子、馒头、卷子篇

# 雪里红包

 材料

发酵面团1份（做法请见P155）、雪里红1000克、姜末40克、色拉油3大匙

调味料

盐1小匙、细砂糖1小匙、白胡椒粉1小匙、香油3大匙

 做法

1. 将雪里红洗净，挤干水分切碎。
2. 热锅，先加入3大匙色拉油，以小火爆香姜末，放入雪里红碎、盐和细砂糖，以中火持续炒约3分钟，盛出放凉后再放入冰箱冰凉，即成雪菜馅。
3. 将发酵面团分成20份（每份40克左右），盖上湿布，醒约20分钟后擀成圆形面皮。
4. 在每张面皮中包入约30克雪里红馅，包成包子形。
5. 将包好的包子排放入蒸笼，盖上盖子，静置醒发约30分钟。
6. 开炉火，待蒸汽升起时，将醒好的包子以大火蒸约10分钟即可。

# 上海青包

 材料

发酵面团1份（做法
请见P155）、上海
青1000克、肥猪肉
末50克、姜末30克

调味料

盐1小匙、细砂糖1小
匙、白胡椒粉1小匙、
香油2大匙

做法

1. 上海青整棵放入沸水中，氽烫约30秒后取出，冲冷水至凉；继续
   将肥猪肉末入锅氽烫约20秒，再捞起冲凉沥干备用。
2. 将氽烫好的上海青挤干后切碎，再用布巾将上海青水分挤干。
3. 将挤干的上海青与猪肥肉末放入盆中，加入所有调味料拌匀，即
   成上海青馅。
4. 将发酵面团分成20份（每份40克左右），盖上湿布，醒约20分
   钟后擀成圆形面皮。
5. 在每张面皮中包入约30克上海青馅，包成包子形。
6. 将包好的包子排放入蒸笼，盖上盖子，静置醒发约30分钟。
7. 开炉火，待蒸汽升起时，将醒好的包子以大火蒸约10分钟即可。

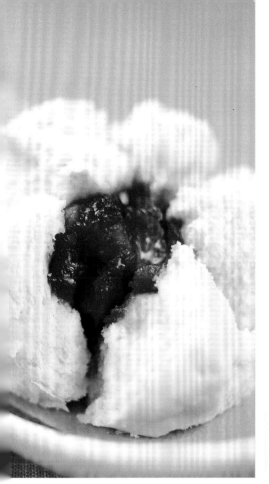

# 广式叉烧包

 面皮材料

A. 速溶酵母4克、水 160克
B. 低筋面粉280克、玉米粉120克、细砂糖80克、猪油40克
C. 泡打粉10克

🍆 内馅材料

A. 叉烧肉200克、蚝油1大匙
B. 盐1/2小匙、细砂糖1大匙、酱油2大匙、香油1大匙、水1杯
C. 玉米粉少许、水少许

做法

1. 将面皮材料A一起搅拌至溶化，再加入面皮材料B所有材料拌匀，揉至面团光滑，再静置醒1~1.5小时。
2. 在面团内加入面皮材料C揉匀后，静置醒约15分钟。
3. 将叉烧肉切成小丁；将内馅材料C调成玉米粉水备用。
4. 热锅，倒入少许油（材料外），将叉烧肉及蚝油一起炒香，再加入内馅材料B，以中小火煮沸，淋上玉米粉水勾薄芡，放凉即成叉烧馅。
5. 将面团分成每个重约30克的小面团，分别擀成圆扁状，包入适量叉烧馅制成叉烧包，收口朝上放于垫纸上。
6. 将叉烧包放入蒸笼，置于开水锅上用中火（接近大火）蒸10~12分钟即可。

# 韩式泡菜肉包

 材料

发酵面团1份（做法请见P155）、韩式泡菜400克、猪肉泥300克、葱花40克、姜末20克

调味料

盐1/4小匙、细砂糖2小匙、酱油1大匙、米酒20毫升、白胡椒粉1小匙、香油2大匙

做法

1. 将韩式泡菜挤干后（汤汁留用）切碎备用；猪肉泥放入钢盆中，加入盐后搅拌至有黏性。
2. 加入细砂糖及酱油、米酒、白胡椒粉及泡菜汁（约80毫升，材料外）拌匀，再加入泡菜、葱花、姜末、香油拌匀即成泡菜肉馅。
3. 将发酵面团分成20份（每份40克左右），盖上湿布，醒约20分钟后擀成圆形面皮。
4. 在每张面皮中包入约30克泡菜肉馅，包成包子形。
5. 将包好的包子排放入蒸笼，盖上盖子，静置醒发约30分钟。
6. 开炉火，待蒸汽升起时，将醒好的包子以大火蒸约15分钟即可。

# 酸菜包

材料

发酵面团1份（做法请见P155）、酸菜200克、红辣椒丝50克、姜丝40克、猪肉丝100克、色拉油适量

调味料

盐1小匙、细砂糖3大匙

做法

1. 酸菜洗净后切丝，备用。
2. 热锅，倒入少许油，以小火爆香红辣椒丝及姜丝，加入猪肉丝炒散。
3. 加入酸菜丝及所有调味料，以中火持续炒约5分钟至汤汁收干，起锅放凉后放入冰箱冰凉，即成酸菜肉丝馅。
4. 将发酵面团分成每个重约40克的小面团，盖上湿布，醒约20分钟后擀成圆形面皮，每张面皮包入约30克酸菜肉丝馅，包成包子形。
5. 将包好的包子排放入蒸笼，盖上盖子，静置醒发约30分钟。
6. 开炉火，待蒸汽升起时，将醒好的包子以大火蒸约10分钟即可。

# 梅干菜包

材料

发酵面团1份（做法请见P155）、梅干菜200克、猪肉泥150克、蒜末20克、姜末30克、红辣椒末20克、水100毫升

调味料

酱油4大匙、盐1/4小匙、细砂糖1大匙

做法

1. 梅干菜泡水约30分钟后洗净，沥干切小段备用。
2. 热锅，倒入少许油，小火爆香姜末、红辣椒末和蒜末。
3. 加入猪肉泥、所有调味料及梅干菜段，煮沸后转小火煮约5分钟至汤汁收干，取出放凉后，再放入冰箱内冰凉即为梅干菜肉馅。
4. 将发酵面团分为每个重约40克的小面团，盖上湿布，醒约20分钟后擀成圆形面皮，每张面皮包入约30克梅干菜肉馅，包成包子形。
5. 将包好的包子排放入蒸笼，盖上盖子，静置醒发约30分钟。
6. 开炉火，待蒸汽升起时，将醒好的包子以大火蒸约15分钟即可。

# 香菇鸡肉包

 材料

发酵面团1份（做法请见P155）、鸡腿肉500克、泡发香菇10朵、竹笋100克、姜末30克、葱花50克、淀粉1大匙

 调味料

盐1小匙、料酒2大匙、细砂糖1大匙、白胡椒粉1小匙、香油2大匙

做法

1. 香菇泡发洗净，切丁；鸡腿肉洗净，切成小丁；竹笋洗净，放入沸水中汆烫约1分钟后，捞出冲冷水，待凉后沥干，切小丁备用。
2. 将鸡腿肉丁放入盆中，加入盐后摔打搅拌至有黏性，加入细砂糖、淀粉、料酒、白胡椒粉及香菇丁拌匀，加入竹笋丁、葱花、姜末、香油拌匀，盖上保鲜膜备用。
3. 将发酵面团分成20份（每份40克左右），盖上湿布，醒约20分钟后擀成圆形面皮。
4. 在每张面皮中包入约30克香菇鸡肉馅，包成包子形。
5. 将包好的包子排放入蒸笼，盖上盖子，静置醒发约30分钟。
6. 开炉火，待蒸汽升起时，将醒好的包子以大火蒸约15分钟即可。

# 沙茶菜肉包

 材料

发酵面团1份（做法请见P155）、圆白菜600克、猪肉泥300克、葱花40克、姜末20克

调味料

盐1/2小匙、沙茶酱5大匙、细砂糖2小匙、米酒30毫升、白胡椒粉1小匙、香油2大匙

做法

1. 圆白菜洗净，切成约1厘米见方的片状，加入1小匙盐（分量外），搓揉均匀后放置20分钟脱水，再将水分挤干备用。
2. 猪肉泥放入钢盆中，加入盐后搅拌至有黏性。
3. 猪肉泥中加入沙茶酱、细砂糖、米酒和白胡椒粉拌匀，再加入圆白菜片、葱花、姜末和香油拌匀，即成沙茶菜肉馅。
4. 将发酵面团分成20份（每份40克左右），盖上湿布，醒约20分钟后擀成圆形面皮。
5. 在每张面皮中包入约30克沙茶菜肉馅，包成包子形。
6. 将包好的包子排放入蒸笼，盖上盖子，静置醒发约30分钟。
7. 开炉火，待蒸汽升起时，将醒好的包子以大火蒸约15分钟即可。

# 豆皮圆白菜包

材料

发酵面团1份（做法请见P155）、圆白菜1000克、油炸豆皮50克、胡萝卜丝80克、姜末30克

调味料

盐2小匙、细砂糖2小匙、白胡椒粉1/2小匙、香油2大匙

做法

1. 圆白菜洗净，切成约1厘米见方的片状，放入盆中，加入1小匙盐搓揉均匀后，放置20分钟使其脱水，再将水分挤干备用（见图1~3）。
2. 油炸豆皮用热水泡软，挤干水分切成细丝（见图4~5）。
3. 将圆白菜片、豆皮丝、胡萝卜丝和姜末放入盆中，先加入香油拌匀，再加入盐、细砂糖及白胡椒粉拌匀（见图6~7），即成豆皮圆白菜馅。
4. 将发酵面团分成20份（每份40克左右），盖上湿布，醒约20分钟后擀成圆形面皮。
5. 在每张面皮中包入约30克豆皮圆白菜馅（见图8），包成柳叶形（详细包法请见P112）。
6. 将包好的包子排放入蒸笼，盖上盖子，静置醒发约30分钟。
7. 开炉火，待蒸汽升起时，将醒好的包子以大火蒸约15分钟即可。

# 虾皮胡瓜包

🍅 **材料**

发酵面团1份（做法请见P155）、胡瓜1000克、虾皮20克、姜末30克、红葱末20克、色拉油适量

🧂 **调味料**

盐2小匙、细砂糖1小匙、白胡椒粉1/2小匙、香油2小匙

🥣 **做法**

1. 胡瓜去皮洗净，挖去籽后刨成丝，加入2小匙盐搓揉均匀，放置20分钟使其脱水，再用布巾挤干水分。
2. 热锅，倒入少许色拉油，以小火爆香姜末、红葱末及虾皮，炒香后盛出备用。
3. 将挤干的胡瓜丝与炒香的虾皮料放入盆中，加入所有调味料拌匀即成虾皮胡瓜馅。
4. 将发酵面团分成20份（每份40克左右），盖上湿布，醒约20分钟后擀成圆形面皮。
5. 在每张面皮中包入约30克虾皮胡瓜馅，包成包子形。
6. 将包好的包子排放入蒸笼，盖上盖子，静置醒发约30分钟。
7. 开炉火，待蒸汽升起时，将醒好的包子以大火蒸约15分钟即可。

# 三丝素包

🍅 **材料**

发酵面团1份（做法请见P155）、金针菇400克、笋丝150克、胡萝卜丝100克、油炸豆皮50克

🧂 **调味料**

盐1小匙、细砂糖2小匙、白胡椒粉1小匙、香油4大匙

🥣 **做法**

1. 将金针菇、笋丝及胡萝卜丝放入沸水中，氽烫约30秒后，取出冲冷水至凉，再沥干水分。
2. 油炸豆皮用热水泡软后挤干水分，切成细丝。
3. 将做法1的材料及豆皮丝放入盆中，先加入香油拌匀后再加入盐、细砂糖及白胡椒粉拌匀成三丝馅。
4. 将发酵面团分成20份（每份40克左右），盖上湿布，醒约20分钟后擀成圆形面皮。
5. 在每张面皮中包入约30克三丝馅，包成柳叶形（详细包法请见P112）。
6. 将包好的包子排放入蒸笼，盖上盖子，静置醒发约30分钟。
7. 开炉火，待蒸汽升起时，将醒好的包子以大火蒸约15分钟即可。

# 咖喱羊肉包

 材料

发酵面团1份（做法请见P155）、色拉油适量、羊肉泥350克、冷冻三色蔬菜150克、蒜末30克、洋葱丁90克、姜末30克、水300毫升、水淀粉2大匙

 调味料

咖喱粉2大匙、盐1小匙、细砂糖1大匙、香油2大匙

做法

1. 热锅，倒入少许色拉油，小火爆香洋葱丁、姜末及蒜末，加入羊肉泥炒匀，再加入咖喱粉炒香。
2. 加入冷冻三色蔬菜、盐、细砂糖及水煮开后，用水淀粉勾芡，淋上香油，取出放凉，放入冰箱冰凉即为咖喱羊肉馅。
3. 将发酵面团分成每个重约40克的小面团，盖上湿布，醒约20分钟后擀成圆形面皮，每张面皮包入约30克咖喱羊肉馅，包成包子形。
4. 将包好的包子排放入蒸笼，盖上盖子，静置醒发约30分钟。
5. 开炉火，待蒸汽升起时，将醒好的包子以大火蒸约10分钟即可。

# 酸白菜肉包

 材料

发酵面团1份（做法请见P155）、猪肉泥300克、酸白菜400克、姜末20克、葱花40克

调味料

盐3克、鸡粉4克、细砂糖5克、料酒20毫升、白胡椒粉1小匙、香油2大匙

做法

1. 将酸白菜挤干水分后切碎备用。
2. 猪肉泥放入钢盆中，加入盐后搅拌至有黏性，再加入鸡粉、细砂糖及料酒和白胡椒粉拌匀，最后加入酸白菜碎、葱花、姜末和香油拌匀即为酸白菜肉馅。
3. 将发酵面团分成每个重约40克的小面团，盖上湿布，醒约20分钟后擀成圆形面皮，每张面皮包入约30克酸白菜肉馅，包成包子形。
4. 将包好的包子排放入蒸笼，盖上盖子，静置醒发约30分钟。
5. 开炉火，待蒸汽升起时，将醒好的包子以大火蒸约15分钟即可。

# 洋葱鲜肉包

###  材料

发酵面团1份（做法请见P155）、洋葱200克、
猪肉泥300克

### 调味料

盐4克、鸡粉4克、细砂糖5克、酱油15毫升、
米酒20毫升、黑胡椒粉1小匙、香油2大匙、蒜
末30克

### 做法

1. 洋葱切成约1厘米见方的片状；热锅，放入2大
   匙色拉油（材料外），放入蒜末及洋葱，以中
   火炒约2分钟至洋葱软，取出放凉备用。
2. 猪肉泥放入钢盆中，加入盐后搅拌至有黏性，
   再放入鸡粉、细砂糖及酱油、米酒、黑胡椒粉
   拌匀，最后加入洋葱丁和香油拌匀，放凉后放
   入冰箱冰凉，即为洋葱鲜肉馅。
3. 将发酵面团平均分成每个重约40克的小面团，
   盖上湿布，醒约20分钟后擀成圆形面皮，每张
   面皮包入约30克洋葱肉馅，包成包子形。
4. 将包好的包子排放入蒸笼，盖上盖子，静置约
   30分钟醒发。
5. 开炉火，待蒸汽升起时，将醒好的包子以大火
   蒸约15分钟即可。

# 辣酱肉末包

### 材料

发酵面团1份（做法请
见P155）、猪肉泥600
克、姜末20克、葱花80
克、红葱酥30克

### 调味料

盐2克、鸡粉8克、细砂
糖10克、辣椒酱3大匙、
米酒30毫升、香油3大匙

### 做法

1. 猪肉泥放入钢盆中，加入盐后搅拌至有黏性。
2. 加入鸡粉、细砂糖、米酒、辣椒酱拌匀，再加入葱
   花、姜末、红葱酥和香油拌匀，放入冰箱冰凉即为辣
   酱肉馅。
3. 将发酵面团分成每个重约40克的小面团，盖上湿布，
   醒约20分钟后擀成圆形面皮，每张面皮包入约30克
   辣酱肉馅，包成包子形。
4. 将包好的包子排放入蒸笼，盖上盖子，静置醒发约30
   分钟。
5. 开炉火，待蒸汽升起时，将醒好的包子以大火蒸约15
   分钟即可。

# 胡萝卜虾仁肉包

 材料

胡萝卜面团1份、草虾仁200克、猪肉泥400克、姜末20克、葱花80克、韭黄丁100克

调味料

盐4克、鸡粉8克、细砂糖10克、酱油1大匙、米酒30毫升、白胡椒粉1小匙、香油3大匙

做法

1. 猪肉泥与虾仁放入钢盆中，加入盐后搅拌至有黏性。
2. 加入鸡粉、细砂糖及酱油、米酒、白胡椒粉拌匀，最后加入韭黄丁、葱花、姜末和香油拌匀，放入冰箱冰凉即成虾仁肉馅。
3. 将胡萝卜面团分成每个重约40克的小面团，盖上湿布，醒约20分钟后擀成圆形面皮，每张面皮包入约30克虾仁肉馅，包成包子形。
4. 将包好的包子排放入蒸笼，盖上盖子，静置醒发约30分钟。
5. 开炉火，待蒸汽升起时，将醒好的包子以大火蒸约15分钟即可。

## 胡萝卜面团

材料：

中筋面粉600克、细砂糖60克、酵母粉6克、泡打粉5克、胡萝卜汁180毫升、水100毫升

做法：

1. 将面粉放入盆中，将细砂糖、泡打粉和酵母粉依序加入面粉中。
2. 将胡萝卜汁和水缓缓倒入盆中并拌匀，用双手揉约2分钟至没有硬块。
3. 用干净的湿毛巾或保鲜膜盖好面团以防表皮干硬，静置醒约5分钟。
4. 将醒过的面团揉至表面光滑，即成胡萝卜面团。

# 腊肠包

材料

发酵面团1份（做法请见P155）、腊肠7根

做法

1. 将腊肠放入蒸笼干蒸约15分钟后放凉，每根斜切成3段备用。
2. 将发酵面团分成每个重约40克的小面团，盖上湿布，醒约5分钟后，搓成圆珠笔粗的长条。
3. 将长条盘上腊肠段，制成螺旋形腊肠包，收口朝下。
4. 将包好的腊肠包排放入蒸笼，盖上盖子，静置醒发约30分钟。
5. 开炉火，待蒸汽升起时，将醒好的包子以大火蒸约12分钟即可。

# 烤鸭肉包

材料

发酵面团1份（做法请见P155）、去骨烤鸭肉300克、蒜苗100克、蒜末40克

调味料

甜面酱5大匙、细砂糖1大匙、香油1大匙

做法

1. 将去骨烤鸭肉切丝，蒜苗洗净后切丝，备用。
2. 热锅，倒入少许油，小火爆香蒜末，加入烤鸭肉丝及甜面酱、细砂糖，以中火持续炒约2分钟至汤汁收干，再加入蒜苗丝及香油拌匀，即成烤鸭肉馅。
3. 将发酵面团分成每个重约40克的小面团，盖上湿布，醒约20分钟后擀成圆形面皮，每张面皮包入约20克烤鸭肉馅，包成包子形。
4. 将包好的烤鸭肉包排放入蒸笼，盖上盖子，静置醒发约30分钟。
5. 开炉火，待蒸汽升起时，将醒好的包子以大火蒸约10分钟即可。

# 圆白菜干包

 材料

发酵面团1份（做法请见P155）、圆白菜干200克、猪肉泥100克、蒜末20克、红辣椒末20克、水100毫升

## 调味料

盐1小匙、细砂糖1大匙、香油3大匙

## 做法

1. 圆白菜干洗净沥干，切细备用。
2. 热锅，倒入少许油，小火爆香红辣椒末、蒜末，加入猪肉泥炒散。
3. 加入圆白菜干及盐、细砂糖和水，煮开后转小火翻炒约5分钟至汤汁收干，淋入香油，取出放凉后放入冰箱冰凉，即为圆白菜干馅。
4. 将发酵面团分成每个重约40克的小面团，盖上湿布，醒约20分钟后擀成圆形面皮，每张面皮包入约30克圆白菜干馅，包成包子形。
5. 将包好的包子排放入蒸笼，盖上盖子，静置醒发约30分钟。
6. 开炉火，待蒸汽升起时，将醒好的包子以大火蒸约10分钟即可。

# 沙拉金枪鱼包

材料

发酵面团1份（做法请见P155）、金枪鱼罐头350克、洋葱200克

## 调味料

沙拉酱90克、黑胡椒粒1小匙

## 做法

1. 洋葱洗净，切小丁；将罐头金枪鱼的水分跟油挤干，与洋葱混合后加入沙拉酱及黑胡椒粒拌匀，即为沙拉金枪鱼馅。
2. 将发酵面团分成每个重约40克的小面团，盖上湿布，醒约20分钟后擀成圆形面皮，每张面皮包入约20克沙拉金枪鱼馅，包成包子形。
3. 将包好的沙拉金枪鱼包排放入蒸笼，盖上盖子，静置醒发约30分钟。
4. 开炉火，待蒸汽升起时，将醒好的包子以大火蒸约10分钟即可。

# 奶酪包

 材料

发酵面团1份（做法请见P155）、奶酪块440克

做法

1. 将发酵面团分成每个重约40克的小面团，盖上湿布，醒约20分钟后擀成圆形面皮。
2. 在每张面皮中包入约20克奶酪块，包成圆形，收口朝下。
3. 将包好的奶酪包排放入蒸笼，盖上盖子，静置醒发约30分钟。
4. 开炉火，待蒸汽升起时，将醒好的包子以大火蒸约15分钟即可。

# 豆沙包

 材料

发酵面团1份（做法请见P155）、豆沙馅440克

做法

1. 将发酵面团分成每个重约40克的面团，盖上湿布，醒约20分钟后擀成圆形面皮。
2. 在每张面皮中包入约20克豆沙馅，包成圆形，收口朝下。
3. 将包好的豆沙包排放入蒸笼，盖上盖子，静置约30分钟醒发。
4. 开炉火将锅内水煮沸，待蒸汽升起时将醒好的包子放至锅上，以大火蒸约15分钟关火取出即可。

# 枣泥包

 材料

发酵面团1份（做法请见P155）、枣泥馅500克

做法

1. 将发酵面团分成20份，盖上湿布，醒约20分钟后，擀成圆形面皮。
2. 在每张圆形面皮中包入约25克枣泥馅，包成椭圆形，收口朝下。
3. 将包好的包子排放入蒸笼，盖上盖子，静置约30分钟醒发。
4. 开炉火，待蒸汽升起时，将醒好的包子放至锅上，以大火蒸约10分钟，关火取出即可。

# 芝麻包

材料

发酵面团1份（做法请见P155）、细砂糖100克、黑芝麻粉150克、熟猪油100克

做法

1. 将除发酵面团之外的材料混合均匀即为芝麻馅。
2. 将发酵面团分成每个重约40克的小面团，盖上湿布，醒约20分钟后擀成圆形面皮，每张面皮包入约20克芝麻馅，包成圆形，收口朝下。
3. 将包好的芝麻包排放入蒸笼，盖上盖子，静置醒发约30分钟。
4. 开炉火，待蒸汽升起时，将醒好的包子以大火蒸约10分钟即可。

# 芋泥包

材料

发酵面团1份（做法请见P155）、芋泥馅500克

做法

1. 将发酵面团分成20份（每份在40克左右），盖上湿布，醒约20分钟后擀成圆形面皮。
2. 在每张面皮中包入约25克芋泥馅，包成圆形，收口朝下。
3. 将包好的包子排放入蒸笼，盖上盖子，静置醒发约30分钟。
4. 开炉火，待蒸汽升起时，将醒好的包子以大火蒸约10分钟即可。

# 绿豆蛋黄包

材料

发酵面团1份（做法请见P155）、市售绿豆馅400克、咸蛋黄5个

做法

1. 将咸蛋黄蒸8分钟取出放凉，切碎后与绿豆馅拌匀；将发酵面团分成每个重约40克的小面团，盖上湿布，醒约20分钟后擀成圆形面皮。
2. 将绿豆蛋黄馅分成每个约20克的小球，分别包入面皮中，收口朝下，排放入蒸笼，盖上盖子，静置醒发约30分钟。
3. 开炉火，待蒸汽升起时，将醒好的包子以大火蒸约10分钟即可。

# 奶黄包

🍲 材料

A. 中筋面粉300克、蛋黄粉20克、速溶酵母3克、
   泡打粉3克、细砂糖15克
B. 水130克、猪油15克
C. 奶油50克
D. 鸡蛋3个、澄粉50克、蛋黄粉1匙、牛奶130
   克、细砂糖180克

🍚 做法

1. 将奶油放入微波炉或电锅中，加热至融化，备用。
2. 将材料A倒入搅拌机内拌匀，再慢慢加入水以
   低速搅拌均匀后，改成中速打成光滑的面团，
   最后加入猪油搅拌均匀，静置醒约15分钟。
3. 将材料D拌匀后，加入奶油搅拌均匀，再放入电
   锅内蒸15～20分钟取出，放凉后即成奶黄馅。
4. 将面团分成每个重约30克的小面团，擀成圆形
   面皮，在每张面皮中包入20克奶黄馅，静置醒
   发15～20分钟。
5. 将奶黄包放入蒸笼，置于开水锅上用小火蒸
   10～12分钟即可。

# 奶油红薯泥包

🍲 材料

红薯面团1份、红薯650克、无盐奶油80克、细砂糖200克

🍚 做法

1. 红薯去皮后切厚片，放入蒸笼中以大火蒸约15分钟取
   出，将红薯压成泥。
2. 将细砂糖及奶油加入红薯泥中，搅拌均匀，再将红薯
   泥放入不粘锅中，以中小火不停翻炒至透明状，放凉
   即成奶油红薯馅。
3. 将红薯面团分成20份（每份40克左右），盖上湿
   布，醒约20分钟后擀成圆形面皮。
4. 在每张面皮中包入约25克奶油红薯馅，开口向上，
   抓住三边集中，捏成三角形。
5. 将包好的包子排放入蒸笼，盖上盖子，静置醒发约
   30分钟。
6. 开炉火，待蒸汽升起时，将醒好的包子以大火蒸约10
   分钟即可。

注：红薯面团的做法请见P140红薯馒头的材料及步骤
    1～4。

# 椰蓉包

 材料

发酵面团1份（做法请见P155）、细砂糖180克、椰子粉360克、玉米粉 30克、香草粉1/2小匙、无盐奶油100克、鸡蛋3个、牛奶120毫升

 做法

1. 将细砂糖、椰子粉、玉米粉和香草粉放入盆中拌匀，再加入无盐奶油、鸡蛋及牛奶拌匀，即成椰蓉馅。
2. 将发酵面团分成20份（每份40克左右），盖上湿布，醒约20分钟后擀成圆形面皮。
3. 在每张面皮中包入约25克椰蓉馅，包成圆形，收口朝下。
4. 将包好的包子排放入蒸笼，盖上盖子，静置醒发约30分钟。
5. 开炉火，待蒸汽升起时，将醒好的包子放至锅上，以大火蒸约10分钟即可。

# 蛋黄莲蓉包

 材料

发酵面团1份（做法请见P155）、市售莲蓉馅220克、咸蛋黄15个

 做法

1. 将11个咸蛋黄放入蒸笼蒸8分钟至熟，取出放凉，对半切备用；将剩下的4个生蛋黄均切成5等份作装饰用。
2. 将莲蓉馅分成每个约重10克的小份，再包入半个熟咸蛋黄滚成圆形，即成蛋黄莲蓉馅。
3. 将发酵面团分成每个重约40克的小面团，盖上湿布，醒约20分钟后擀成圆形面皮。
4. 在每张面皮中包入约20克蛋黄莲蓉馅，包成圆形，收口朝下，并在顶端用刀子划出米字刀痕，再放上小块生蛋黄作装饰。
5. 将包好的莲蓉包排放入蒸笼，盖上盖子，静置醒发约30分钟。
6. 开炉火，待蒸汽升起时，将醒好的包子以大火蒸约10分钟即可。

# 红薯馒头

材料

红薯400克、中筋面粉500克、细砂糖50克、酵母粉6克、泡打粉5克、水150毫升

做法

1. 红薯洗净，去皮切块，放入蒸笼中以大火蒸约20分钟后，取出放凉；酵母粉加入50毫升水，泡溶备用。
2. 将中筋面粉、细砂糖及泡打粉放入钢盆中，再将红薯块碾压成泥后放入，最后加入酵母粉水。
3. 将其余的水倒入其中并拌匀，用双手揉约2分钟至均匀成团没有硬块。
4. 将面团用湿毛巾或保鲜膜盖好，静置醒约20分钟。
5. 将醒过的面团揉至表面光滑后，再搓揉成长条。
6. 用刀将面团切成约5厘米长的段，排放入蒸笼，盖上盖子，静置醒发约40分钟。
7. 开炉火，待蒸汽升起时将醒好的面团以大火蒸约10分钟即可。

# 山东馒头

材料

发酵面团800克（做法请见P155）、中筋面粉150克

做法

1. 将发酵面团揉至表面光滑后分割成10等份，每份面团由外向内一边揉成圆形，一边撒上约15克中筋面粉。
2. 将揉圆的面团排入蒸笼（须预留膨胀的空间），盖上盖子，静置醒发约50分钟。
3. 开炉火，待蒸汽升起时将醒好的面团以大火蒸约15分钟即可。

# 南瓜小馒头

 材料

南瓜300克、中筋面粉400克、细砂糖50克、酵母粉6克、泡打粉5克、水50毫升

 做法

1. 南瓜洗净，去皮去籽，将瓜肉切小块，放入蒸笼蒸约20分钟至熟后，放凉备用。
2. 将酵母粉加入50毫升水泡溶；将面粉、细砂糖及泡打粉放入钢盆中，再将蒸熟的南瓜放入，加入酵母粉水。
3. 将上述材料用双手揉约5分钟至均匀成团没有硬块。
4. 用湿毛巾或保鲜膜盖好面团，静置醒约20分钟。
5. 将醒过的面团揉至表面光滑后分割。
6. 搓揉成直径约2.5厘米的长条。
7. 用刀将面团切成约3厘米长的段后，排放入蒸笼，盖上盖子，静置醒发约50分钟。
8. 开炉火，将锅内水煮沸，待蒸汽升起时，将醒好的馒头放至锅上，以大火蒸约12分钟，关火取出即可。

# 坚果馒头

 材料

中筋面粉600克、综合坚果200克、酵母粉6克、细砂糖60克、泡打粉5克、水180毫升

 做法

1. 将综合坚果用调理机略打碎；酵母粉加入50毫升水中泡溶备用。
2. 将中筋面粉、细砂糖及泡打粉放入钢盆中，再加入酵母粉水。
3. 加水并拌匀，再用双手揉约2分钟至均匀。
4. 用湿毛巾或保鲜膜将揉匀的面团盖好，静置醒约20分钟。
5. 取100克综合坚果加入醒过的面团，揉匀后分割成10等份。
6. 分别将每份小面团揉成球形，用喷水器将面团表面喷湿，再沾裹上剩余的碎坚果后压紧，接口处朝下排放入蒸笼，盖上盖子，静置醒发约30分钟。
7. 开炉火，待蒸汽升起时将蒸笼放至锅上，以大火蒸约15分钟即可。

# 黑糖桂圆馒头

 材料

中筋面粉600克、桂圆肉60克、黑糖80克、酵母粉5克、泡打粉5克、水260毫升

做法

1. 将桂圆肉切碎，加入100毫升水泡20分钟备用。
2. 将剩余的160毫升水与黑糖放入小汤锅中，以小火煮至黑糖溶化后，盛起备用。
3. 将中筋面粉、泡打粉、桂圆肉加入钢盆中，再将酵母粉与黑糖水拌匀倒入其中。
4. 用双手将做法3的材料揉约2分钟至均匀成团没有硬块，再用湿毛巾或保鲜膜盖好，静置醒约20分钟。
5. 将醒过的面团揉至表面光滑后分割成10等份，并分别将每份揉成圆形面团。
6. 将圆形面团接口处朝下排放入蒸笼，盖上盖静置醒发约40分钟。
7. 开炉火，待蒸汽升起时，将醒好的馒头放至锅上，以大火蒸约15分钟即可。

# 海苔馒头

 材料

中筋面粉600克、细砂糖60克、海苔粉2克、泡打粉5克、酵母粉5克、水280毫升

做法

1. 将中筋面粉、细砂糖、海苔粉及泡打粉放入钢盆中；将酵母粉与水拌匀，再加入钢盆中并拌匀。
2. 用双手将上述材料揉约2分钟至均匀成团没有硬块；再用湿毛巾或保鲜膜盖好，静置醒约20分钟。
3. 将醒过的面团揉至表面光滑后，再搓揉成长条。
4. 用刀将面团条切成每份约5厘米长的段后，排放入蒸笼，盖上盖子，静置醒发约25分钟。
5. 开炉火，待蒸汽升起时，将醒好的面团以大火蒸约8分钟即可。

# 奶酪馒头

材料

A. 中筋面粉600克、细砂糖60克、泡打粉5克、酵母粉6克、水280毫升
B. 奶酪丝200克

做法

1. 将中筋面粉、细砂糖及泡打粉放入钢盆中，再将酵母粉与水拌匀后加入，用双手揉约5分钟至均匀成团没有硬块。
2. 用湿毛巾或保鲜膜将面团盖好，静置醒约20分钟，再将醒过的面团揉至表面光滑。
3. 将面团擀成约70厘米×20厘米的长方形，再将奶酪丝均匀铺至面皮表面。
4. 将面皮由上往下卷起成长条圆筒，用刀将圆筒切成15等份，切口向上平放于不沾纸上。
5. 将奶酪馒头放入蒸笼里发酵约50分钟，再以大火蒸10分钟即可。

# 可可馒头

材料

中筋面粉600克、细砂糖60克、酵母粉5克、泡打粉5克、可可粉20克、水320毫升

做法

1. 将可可粉与50毫升水混匀成糊状，与中筋面粉、细砂糖及泡打粉一起放入钢盆中，再将酵母粉与剩余的水加入混匀，加入钢盆中拌匀。
2. 用双手将上述材料揉约2分钟，至均匀成团没有硬块，再用湿毛巾或保鲜膜将面团盖好，静置醒约20分钟。
3. 将醒过的面团揉至表面光滑后，再搓揉成长条，用刀将面团条切成每份长约5厘米的段后，排放入蒸笼，盖上盖子，静置醒发约30分钟。
4. 开炉火，待蒸汽升起时，将醒好的面团以大火蒸约8分钟即可。

# 玉米面馒头

 材料

玉米面200克、高筋面粉400克、细砂糖50克、酵母粉5克、泡打粉5克、水250毫升

 做法

1. 将玉米面、高筋面粉、细砂糖及泡打粉放入钢盆中，再将酵母粉与水拌匀，一起加入钢盆中。
2. 用双手将上述材料揉约2分钟至均匀成团没有硬块。
3. 用湿毛巾或保鲜膜将面团盖好，静置醒约20分钟。
4. 将醒好的面团揉至表面光滑，再搓揉成长条，然后用刀将面团条切成约5厘米长的段，排放入蒸笼，盖上盖子，静置醒发约25分钟。
5. 开炉火，待蒸汽升起时，将醒好的玉米面馒头以大火蒸约8分钟即可。

# 山药枸杞馒头

 材料

A. 山药130克、枸杞子35克
B. 低筋面粉300克、速溶酵母4克、细砂糖25克、泡打粉3克、盐3克

 做法

1. 山药去皮洗净，磨成泥备用。
2. 将材料B的所有材料搅拌均匀后，加入山药泥，揉成光滑的面团，盖上湿布或保鲜膜，静置醒15～20分钟。
3. 将面团分成每份重约25克的小面团，再擀成扁平的长方形面皮，加上枸杞子卷成筒状，静置醒约15分钟。
4. 将山药枸杞馒头放入蒸笼，置于开水锅上用小火蒸10～12分钟即可。

# 全麦馒头

 材料

发酵面团150克（做法请见P155）、小麦胚芽75克

 做法

1. 小麦胚芽先用小火略炒数下，备用。
2. 在发酵面团中加入小麦胚芽，揉至小麦胚芽均匀分布于面团之中，再将面团擀成扁平的长方块，由长的一端往内卷成长条状。
3. 将面团卷切成每份重约30克的段，静置醒约15分钟。
4. 将做好的全麦馒头放入蒸笼，置于开水锅上用小火蒸8～10分钟即可。

备注：市面上包装好的小麦胚芽有些已炒过，可直接拿来用。

# 紫山药馒头

材料

紫山药400克、中筋面粉600克、细砂糖60克、酵母粉6克、泡打粉5克、水180毫升

做法

1. 将整块紫山药洗净，放入蒸笼蒸约30分钟，蒸熟后取出放凉，削皮后压成泥备用。
2. 酵母粉加入50毫升水，泡溶备用。
3. 将面粉、细砂糖及泡打粉放入钢盆中，再将山药泥放入，加入酵母粉水。
4. 将水倒入并拌匀，用双手揉约2分钟至均匀成团没有硬块。
5. 用湿毛巾或保鲜膜将面团盖好，静置醒约20分钟。
6. 将醒过的面团揉至表面光滑，分割成10等份。
7. 分别将每份小面团揉成圆形面团，接口处朝下排放入蒸笼，盖上盖子，静置醒发约40分钟。
8. 开炉火，待蒸汽升起时，将醒好的面团以大火蒸约15分钟即可。

# 咖喱馒头

材料

咖喱粉10克、中筋面粉600克、细砂糖60克、盐3克、泡打粉5克、酵母粉5克、色拉油35毫升、水280毫升

做法

1. 咖喱粉放入小碗中，色拉油加热至油温约160℃后，冲入咖喱粉中并拌匀成咖喱酱，放凉备用。
2. 将中筋面粉、细砂糖、盐及泡打粉放入钢盆中，再将酵母粉与水拌匀，与咖喱酱一起加入钢盆中拌匀。
3. 用双手将上述材料揉约2分钟至均匀成团没有硬块。
4. 用湿毛巾或保鲜膜将面团盖好，静置醒约20分钟。
5. 将醒过的面团条揉至表面光滑后，再搓揉成长条，然后用刀将面团条切成每份约5厘米长的段后，排放入蒸笼，盖上盖子，静置醒发约25分钟。
6. 开炉火，待蒸汽升起时，将醒好的面团以大火蒸约8分钟即可。

# 窝窝头

 材料

玉米粉200克、黄豆粉50克、低筋面粉50克、细砂糖100克、泡打粉5克、无盐奶油20克、70℃热水150毫升

做法

1. 将玉米粉、黄豆粉、低筋面粉及细砂糖混合后，冲入热水揉匀，再加入无盐奶油及泡打粉，揉至均匀成团。
2. 将面团分成20等份，捏成底部中空的包子形，放入蒸笼中，以大火蒸约15分钟即可。

# 红枣馒头

 材料

发酵面团150克（做法请见P155）、红枣数颗

做法

1. 将发酵面团分成每个约30克的小面团，搓成圆形，再用竹筷在面团边缘穿3～4个小洞，轻轻放入红枣，静置醒15分钟。
2. 将红枣馒头放入蒸笼，置于开水锅上用小火蒸8～10分钟即可。

# 双色馒头卷

 材料

发酵面团160克（做法请见P155）、胡萝卜面团80克（做法请见P133）、菠菜面团80克

做法

1. 将发酵面团分成2等份，分别擀成长条形的面皮；胡萝卜面团及菠菜面团也分别擀成长条形的面皮。
2. 将胡萝卜面皮及菠菜面皮各置于白面皮上，卷成长条状，并切成每个重约20克的小块，分别做成螺旋型馒头。
3. 将螺旋形馒头放入蒸笼中，置于开水锅上用小火蒸8～10分钟即可。

# 花卷

材料

老面面团500克、葱花50克、色拉油30毫升、盐4克

做法

1. 将老面面团擀成约70厘米×20厘米的长方形面皮。
2. 将色拉油均匀抹在面皮表面,再均匀撒上盐与葱花,将面皮由上往下卷成长条状。
3. 将长条面皮切成12等份,再用筷子从中间压下制成花卷。
4. 将花卷排入蒸笼里,静置发酵约10分钟后,以大火蒸约12分钟即可。

# 螺丝卷

材料

发酵面团600克(做法请见P155)、猪油100克、细砂糖5大匙、葡萄干30克

做法

1. 将发酵面团擀成厚约0.2厘米的长方形面皮,表面涂上猪油,撒上细砂糖,对折后用刀切成宽约0.5厘米的细丝。
2. 将每份4股细丝卷成螺旋状,并在中央放上一颗葡萄干。
3. 将螺丝卷放入蒸笼,盖上盖子,静置发酵约25分钟。
4. 开火煮水,待蒸汽升起时,放上蒸笼,以大火蒸约12分钟即可。

# 双色螺丝卷

材料

发酵面团400克（做法请见P155）、
墨鱼面团400克、猪油50克、碎红枣肉
30克

做法

1. 将发酵面团及墨鱼面团分别擀成厚约
   0.5厘米、宽约10厘米的长条。
2. 将发酵面皮平铺在桌上，用毛刷均匀地
   在表面涂上一层猪油（见图1）。
3. 将发酵面皮与墨鱼面皮重叠，压平后
   用刀切成宽约0.5厘米黑白相间的细丝
   （见图2）。
4. 将每6股黑白相间的细丝卷成螺旋状放
   入蒸笼（见图3~4），放上少许碎红
   枣肉作装饰，发酵约25分钟后，以大
   火蒸10分钟即可。

## 墨鱼面团

材料：中筋面粉600克、细
砂糖60克、墨鱼粉5克、泡
打粉5克、酵母粉5克、水
300毫升

做法：1.将中筋面粉、细砂
糖、墨鱼粉及泡打粉放入钢
盆中，再将酵母粉与水拌匀，
一起放入钢盆中。2.用双手
将上述材料揉约2分钟至均
匀成团没有硬块。3.用湿毛
巾或保鲜膜将面团盖好，静
置醒约20分钟即可。

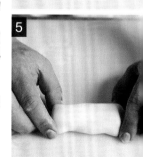

# 银丝卷

 材料

发酵面团600克（做法请见P155）、色拉油适量

做法

1. 将发酵面团平均分成两份，第一份分成10份，每份重约30克，擀成直径约10厘米的圆形面皮备用。
2. 另一份擀成厚约0.2厘米的长方形，表面涂上适量色拉油以防粘连，用刀切成3条宽约6厘米的长条（见图1），重叠后再切成宽约0.5厘米的细条（见图2）。
3. 取适量色拉油涂在细条上，然后分成10等份备用（见图3）。
4. 在每张圆形面皮中放入一份做法3的细条（见图4），包成春卷形（见图5），放入蒸笼，盖上盖子，静置约20分钟发酵。
5. 开火煮水，待蒸汽升起时，放上蒸笼，以大火蒸约12分钟即可。

单元 ④

# 面饼篇

教你制作简单美味又能饱腹的葱油饼、葱抓饼、蛋饼、烧饼、萝卜丝饼等。

# 认识常用 基础面团

## 1.温水面团

温水面团是使用65~75 ℃的热水制作而成的，面粉中的淀粉因为热而"糊化"，所制作出来的面团吸水量较高，比冷水面团具有较多的水分含量，口感也比冷水面团软，可制作葱抓饼、蒸饺、荷叶饼等。

## 2.冷水面团

冷水面团是用冷水与面粉调制而成的面团，冷水一般指水温在30 ℃以下或者常温的水。冷水面团质地硬实、筋力足、韧性强。可制作水饺、刀切面、猫耳朵、油撒子、豆沙酥饺等。

## 3.发酵面团

简单来说，发酵面团就是添加了酵母粉来帮助发酵的面团，通过酵母的发酵作用，使面团变得膨松有弹性，可制作原味馒头、豆沙包、螺丝卷、寿桃、腊肠餐包等。

## 4.沸水面团

沸水面团与温水面团通称为"烫面面团"，这两种面团制作方法相似，都是以热水添加在面团中，只是沸水面团水温更高，需超过90 ℃以上。此种面团吸水量更高，所以口感比温水面团更软，可制作烧卖等。

## 5.老面面团

老面面团的制作关键就是要培养"面种"，也就是"老面"。面种的原理是由发酵面团演变而来，发酵面团继续发酵约3天变成"面种"，再添加在新面团中形成特殊的风味，可制作花卷、烙大饼等。

## 6.油酥面团

制作油酥面团的力道十分重要，制作时要用"按压"的方式，而不是"揉"的方式，要放轻且力道必须平均，才能做出既好看又美味的油酥皮。可制作核桃酥、菊花酥、百合酥等。

## 7.膨松面团

膨松面团是利用添加化学药剂达到膨松效果的面团，运用不同的药剂，可制作出不同的成品，常见的药剂添加物有小苏打、泡打粉、阿摩尼亚（氨粉）、明矾等。可制作开口笑、油条、窝窝头等。

# 学做 基础面团

温水面团、冷水面团和发酵面团，是用途最广的三种基础面团，材料简单又好学，可以用来制作我们最常吃的面饼、饺子、包子、馒头、面条等，快来动手做做看吧！

## 温水面团 DIY

###  材料

中筋面粉600克、热水（约65℃）350毫升、盐6克

**美味秘诀**

1. 做温水面团时，水温不宜过高，否则会将面筋烫熟，不好操作，面团也会失去弹性。
2. 温水面团拌匀后放凉再揉，较容易出筋、好操作。
3. 要让温水面团吃起来的口感好，醒发时间一定要够，约需醒发1小时。

### 做法

将面粉及盐置于盆中。

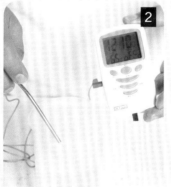

以温度计测量出65℃的热水。

将65℃的热水冲入盆中，并用擀面棍拌匀。

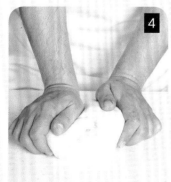

用双手将做法3的材料揉约3分钟至均匀。

用干净的湿毛巾或保鲜膜盖好，以防表皮干硬，静置放凉醒约1小时。

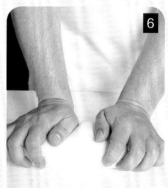

将醒过的面团揉约3分钟至表面光滑即可。

# 冷水面团 DIY

🌸 **材料**

中筋面粉300克、细盐3克、水150毫升

**美味秘诀**

1. 冷水面团加盐的目的，是为了让其延展性更好。
2. 揉好面团后静置醒发的时间要够，静置醒发约30分钟为最佳。
3. 将面团静置后，一定要揉匀再醒10分钟，面筋的弹性才会足够，这样做饼时较好操作。
4. 用冷水面团做好的成品，完成后稍微静置一下，再加热时其表面较不容易有裂痕。

🥣 **做法**

将面粉中间拨开。

将盐加入面粉中间。

将水慢慢倒入并拌匀。

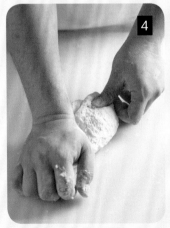

用双手揉约3分钟至均匀。

用干净的湿毛巾或保鲜膜盖好以防表皮干硬，静置醒约30分钟。

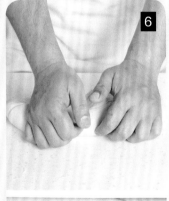

将醒过的面团揉至表面光滑即可。

# 发酵面团 DIY

🍞 材料

中筋面粉600克、细砂糖50克、酵母6克、水300毫升

## 美味秘诀

1. 发酵的时间不要太长，不宜超过1小时，否则面团容易发酸。
2. 包裹馅料前要将多余的空气揉出，这样成品会较有弹性、外观比较好看、口感佳，也不容易发酸。
3. 成品在料理前建议再稍微静置5分钟，这样口感和外观都会比较好。

🍚 做法

将中筋面粉及细砂糖置于盆中。

将酵母加入面粉中间处。

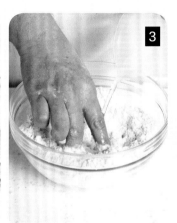

将水慢慢倒入，并用手拌匀。

单元 ④ 面饼篇

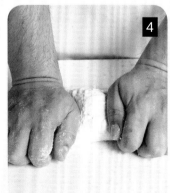

用双手揉约5分钟至面团均匀。

用干净的湿毛巾或保鲜膜盖好以防表皮干硬，静置发酵约30分钟。

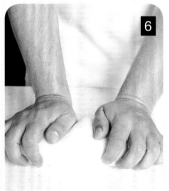

将发酵过的面团揉至表面光滑即可。

# 宜兰葱饼

材料

温水面团950克（做法请见P153）、
葱花300克、色拉油适量

调味料

A. 白胡椒粉1小匙、细盐1小匙
B. 细盐1小匙

做法

1. 将葱花加入2大匙色拉油、调味料A的细盐及白
   胡椒粉拌匀，备用。
2. 将温水面团揉至表面光滑，再将面团均分成6
   份，各擀成厚约0.2厘米的圆形，表面涂上少许
   色拉油及调味料B的细盐。
3. 铺上腌过的葱花，卷成圆筒状后盘成厚圆形，静
   置醒约10分钟即成葱饼。
4. 平底锅加热，倒入2大匙色拉油，放入葱饼，以
   小火将两面煎至金黄即可。

# 葱抓饼

 材料

温水面团980克（做法请见P153）、葱花50克、猪油100克

 调味料

细盐1小匙

做法

1. 将温水面团揉至表面光滑，分成10等份，各擀成厚约0.2厘米的圆形，表面涂上猪油后，撒上细盐及葱花，再卷成圆筒状后盘成圆形，静置10分钟，最后将醒过的饼压扁后擀成圆形。

2. 平底锅加热，倒入1大匙色拉油（材料外），放入做好的饼，以小火将两面煎至金黄酥脆，再用煎铲拍松即可。

 美味秘诀

做好的葱抓饼不要立刻下锅煎，建议盖上保鲜膜醒1~2小时再煎，这样葱抓饼会更松软、口感更好。

**美味秘诀**

葱油饼的内馅包含葱花、盐和猪油，三者缺一不可，不过在分量上可依个人口味稍做调整。猪油的目的是让葱和饼皮在煎烤后仍然能维持湿润度，同时也能让整体的香气更浓郁。也可以使用其他食用油代替猪油，但香气不会这么浓郁。

# 葱油饼

 **材料**

温水面团980克（做法请见P153）、猪油80克、葱花200克、色拉油适量

**调味料**

细盐10克

**做法**

1. 将醒过的温水面团揉至表面光滑。
2. 将面团平均分成5份，各擀成厚约0.2厘米的圆形，表面涂上猪油（见图1），再撒上细盐及葱花（见图2-1），卷成圆筒状后盘成圆形（见图2-2、2-3），静置醒10分钟。
3. 将醒过的面团压扁后擀成圆形（见图3），即成葱油饼，备用。
4. 平底锅加热，倒入1大匙色拉油，放入葱油饼，以小火将两面煎至金黄酥脆即可。

# 胡椒饼

 材料

发酵面团500克（做法请见P155）、猪肉泥300克、姜末10克、葱花200克

 调味料

盐1/2小匙、五香粉1/4小匙、细砂糖1大匙、酱油30毫升、米酒30毫升、黑胡椒粉1大匙、香油2大匙

做法

1. 猪肉泥放入钢盆中，加入盐后搅拌至有黏性，再加入五香粉、细砂糖及酱油、米酒拌匀，继续加入姜末、黑胡椒粉及香油拌匀，最后加入葱花拌匀成馅。

2. 取发酵面团搓成长条，切成每个重约40克的面球；将切好的面球撒上面粉以防粘连，再将面球用擀面棍擀成直径为9~10厘米的圆形面皮。

3. 取约40克馅放入面皮中，收口向下包紧，表面用水喷湿后，沾上白芝麻即为胡椒饼，放入烤盘。

4. 烤箱预热至220℃，放入胡椒饼，烤约12分钟至表面金黄酥脆即可。

单元 ❹ 面饼篇

# 豆沙饼

 材料

温水面团400克（做法见P153）、市售红豆沙400克、色拉油适量

 做法

1. 将温水面团搓成长条，切成每个约40克的面球。
2. 在面球上撒上面粉，用擀面棍擀成直径9~10厘米的圆形面皮。
3. 取约40克红豆沙，包入面皮中，再擀成圆饼形。
4. 取平底锅加热，加入1大匙色拉油，放入做好的饼，以小火将两面煎至金黄即可。

# 炸蛋葱油饼

 材料

温水面团980克（做法请见P153）、鸡蛋10个、葱花50克、猪油100克、色拉油适量

 调味料

细盐10克

做法

1. 将温水面团揉至表面光滑，再分成10等份，并分别擀成厚约0.2厘米的圆形，表面涂上猪油后，再撒上细盐及葱花，最后卷成圆筒状后盘成圆形，静置10分钟。
2. 将做好的面团压扁，擀成圆形；取一平底锅，倒入约200毫升色拉油，加热至油温约160℃，放入葱油饼，以小火将饼炸至表面略金黄后，打入1个鸡蛋，并立即将饼放至蛋上，炸熟，沥干油即可。

# 牛肉卷饼

 材料

葱油饼10张（做法见P158）、葱10根、市售卤牛腱肉400克

调味料

甜面酱150克

做法

1. 葱洗净，切段；市售卤牛腱肉切片，备用。
2. 将葱油饼摊平，抹上适量（约1小匙）甜面酱，再放入卤牛腱肉片与葱段，最后将饼卷起切段即可。

# 蛋饼皮

 材料

温水面团470克（做法见P153）、葱花20克、色拉油适量

做法

1. 将温水面团揉至表面光滑，擀成厚约0.5厘米的圆形，表面撒上葱花，再卷成圆筒状后分切成20个小面团。
2. 将每个小面团压扁，用擀面棍擀成直径约15厘米的圆饼；平底锅加热，放少许色拉油，将饼放入后以小火煎至表面微透明即可。

# 蔬菜大蛋饼

 材料　　　　　调味料

蛋饼皮1张（做法见P161）、　盐1/2小匙
圆白菜丝160克、鸡蛋1个、
色拉油适量

做法

1. 将圆白菜丝放入大碗中，打入鸡蛋、撒上盐，充分拌匀备用。
2. 平底锅加热，倒入少许色拉油，倒入做法1备好的材料，再盖上蛋饼皮，开小火烘煎至蛋液凝固，翻面后再倒入少许色拉油，继续烘煎至饼皮外观呈金黄色，趁热包卷起来盛出。
3. 将煎好的饼分切成块即可。

# 培根蛋薄饼卷

 材料

蛋饼皮1张（做法见P161）、培根2片、洋葱丝30克、鸡蛋1个、色拉油适量

做法

1. 平底锅加热，倒入约1小匙的色拉油，放入培根片煎香后取出。
2. 锅中再加入1小匙色拉油，加热后放入蛋饼皮，煎至金黄后铲出，倒入打散的鸡蛋，再盖上蛋饼皮煎约1分钟，煎至鸡蛋熟即取出。
3. 将培根及洋葱丝放入饼皮中，再将饼皮卷成圆筒状即可。

单元 ④ 面饼篇

# 荷叶饼

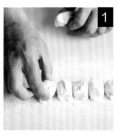

🥔 材料

中筋面粉300克、盐3克、热水（65~70℃）170毫升、色拉油适量

🍜 做法

1. 将中筋面粉过筛，加入盐稍微拌匀，倒入热水，以擀面棍或筷子拌匀。

2. 用手将面揉约3分钟至均匀，再用干净的湿毛巾或保鲜膜盖好，静置放凉，醒约30分钟，取出揉至表面光滑。

3. 将面团分成20等份（见图1），单面抹上一层色拉油（见图2），再将抹油的面两两相叠并压紧，以擀面棍擀成直径约15厘米的圆面片备用（见图3）。

4. 平底锅烧热，放入面片，以小火干烙至表面鼓起（见图4），再将煎好的面饼撕开成2张即可（见图5）。

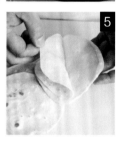

**美味秘诀**

荷叶饼一次煎2片饼皮，所以每1片饼皮其实只煎到一边，因此可以具有两种口感：煎过的一边较香脆，没煎过的一边则较软润。包馅的时候，记得要将馅料放在没有煎过的那一边。

# 合饼卷菜

 材料

A. 荷叶饼2张（做法请见P162）、市
售高汤50毫升
B. 肉丝40克、葱丝10克、蒜末10
克、青椒丝20克、土豆丝40克、
黑木耳丝15克、胡萝卜丝20克

调味料

盐1/2小匙、细砂糖1小匙、白胡椒粉
1/4小匙

做法

1. 锅烧热，倒入少许油，依序将材
料B的材料下锅略爆香，并且翻炒
均匀。
2. 加入市售高汤及所有调味料，以小
火炒至汤汁收干后取出。
3. 取一张荷叶饼摊平，取适量炒好的
馅料放入饼中，再将饼卷起即可。

# 京酱肉丝卷

材料

荷叶饼5张（做法请见
P162）、猪肉丝150
克、小黄瓜2条、色拉
油适量、水50毫升

调味料

甜面酱3大匙、番茄
酱2小匙、细砂糖2小
匙、香油1小匙

做法

1. 小黄瓜洗净，切丝备用。
2. 取锅，倒入2大匙油烧热，放入猪肉丝，以中
火炒至肉丝变白，加入水、甜面酱、番茄酱
及细砂糖，持续炒至汤汁略收干，然后加入
香油并盛出备用。
3. 将荷叶饼摊平，在中间依序放入小黄瓜丝和
内馅，再将饼包卷起来即可。

**美味秘诀**

如果买不到小黄瓜，也可以用葱丝替
代，和肉丝搭配味道也不错。

单元 **4** 面饼篇

# 大饼包小饼

 大饼

荷叶饼10张（做法请见P162）

 小饼

低筋面粉100克、猪油50克、冷水面团250克（做法见P154）、红豆沙160克、老油（使用过的油）150毫升、新油200毫升

做法

1. 低筋面粉过筛，与猪油混合，轻轻挤压至均匀，拌成团至不粘手，制成小饼油酥备用。
2. 将冷水面团擀成厚0.2厘米的长方形面皮（见图1），均匀覆上小饼油酥，面皮的边缘留约1厘米，以便包卷成长条形后粘合，醒10~15分钟备用（见图2）。
3. 将长条形面卷分割成10等份，卷纹朝上，擀成面皮，包入红豆沙（见图3），捏紧面皮收口并朝下静置，醒10~15分钟备用。
4. 锅中倒入老油，均匀加热至油温约170℃，将饼炸至酥脆（见图4），两面呈金黄色，起锅前转大火逼出油分，再捞起沥干油分（见图5），即为小饼，压扁备用。
5. 将荷叶饼皮摊开，包入做好的小饼，用手掌略轻拍即可（见图6~7）。

单元 ④ 面饼篇

# 雪里红肉丝卷饼

**材料**

荷叶饼2张（做法请见P162）、雪里红100克、猪肉丝40克、红辣椒末15克、姜末10克、色拉油适量

**调味料**

盐1/6小匙、细砂糖1小匙、香油1大匙

**做法**

1. 雪里红洗净，挤干水分，切碎备用。
2. 锅烧热，倒入少许色拉油，以小火爆香红辣椒末、姜末，再加入猪肉丝炒散，继续放入雪里红、盐、细砂糖及香油，炒匀后取出。
3. 取荷叶饼平铺，放入炒好的馅料，再将饼卷起即可。

# 沙拉熏鸡肉卷

**材料**

荷叶饼5张（做法请见P162）、熏鸡肉100克、西红柿片少许、玉米粒1大匙、小豆苗20克、苜蓿芽10克

**调味料**

美乃滋2大匙

**做法**

1. 小豆苗和苜蓿芽均洗净，沥干水分；熏鸡肉撕成细丝，备用。
2. 荷叶饼摊平，放入小豆苗和苜蓿芽并均匀挤入美奶滋，再放入熏鸡肉丝和西红柿片，最后撒上玉米粒，将饼卷起即可。

**美味秘诀**

材料中的西红柿片和小豆苗皆可视个人的喜好增减，并不会影响风味。

# 润饼卷

## 🫚 材料

市售润饼皮5张、红糖肉片150克、碎萝卜干100克、胡萝卜丝100克、豆干丝200克、圆白菜丝200克、豆芽菜200克、鸡蛋2个、蒜末少许、花生糖粉适量、香菜叶适量、色拉油适量

## 🧂 调味料

A. 细砂糖、白胡椒粉各少许
B. 酱油、白胡椒粉、细砂糖、盐各少许
C. 盐少许
D. 盐、细砂糖、白胡椒粉、鲜鸡粉、香油各少许
E. 盐、细砂糖、白胡椒粉、鲜鸡粉、香油各少许
F. 甜辣酱适

## 🍚 做法

1. 鸡蛋打入碗中，打散，煎成蛋皮后，切丝备用。
2. 锅中放入碎萝卜干，开小火炒香，加入调味料A拌炒后，盛出备用。
3. 另取锅，倒入1大匙色拉油烧热，放入豆干丝，开小火炒至表面微干，再加入调味料B续炒至入味，然后盛出备用。
4. 锅中倒入少量色拉油烧热，放入胡萝卜丝以小火炒至变色，加入调味料C拌炒后，盛出备用。
5. 锅中倒入少量色拉油烧热，放入蒜末以小火炒香，加入圆白菜丝后改中火炒软，再加入调味料D拌炒后，盛出备用。
6. 豆芽菜洗净，放入沸水中汆烫至熟，捞出沥干水分后放入大碗中，加入调味料E调味备用。
7. 取一张润饼皮摊平，在中间均匀撒上花生糖粉，并依序放入红糖肉片和做法1~6的食材，淋上调味料F，再撒上少许香菜叶，最后将润饼皮包卷起，重复上述做法至润饼皮用完即可。

# 猪肉馅饼

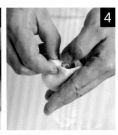

## 材料
温水面团500克（做法请见P153）、猪肉泥300克、姜末8克、葱花120克、色拉油适量

## 调味料
盐3.5克、鸡粉4克、细砂糖3克、酱油10毫升、米酒10毫升、白胡椒粉1小匙、香油1大匙

## 做法
1. 将温水面团搓成长条，切成每个重约30克的面球，撒上面粉以防粘连，再用擀面棍将面球擀成直径为9～10厘米的圆面皮。
2. 猪肉泥放入钢盆中，先加入盐搅拌至有黏性，继续加入鸡粉、细砂糖、酱油及料酒拌匀，将水分2次加入，一边加水一边搅拌至水分被肉吸收，继续加入姜末、白胡椒粉及香油拌匀，再加入葱花拌匀，即成猪肉馅。
3. 取约30克猪肉馅包入圆面皮中（见图1～4），收口处捏紧并朝下，再略压成饼形。
4. 平底锅加热，倒入1大匙色拉油，放入压扁的馅饼（收口处朝下），一个一个从锅边开始排入，以小火煎至两面金黄酥脆即可。

**美味秘诀**

做法3的馅饼收口朝下放置于桌上，可以先在桌上抹少许油，以避免馅饼粘在桌上。

另外要多准备一些葱花，先不要放进肉泥中一起搅拌，等包内馅时再另外包入一些葱花，如此一来馅料不容易出水，吃起来口感较好。

## 美味秘诀

　　牛肉馅饼要好吃,重点在于调配出来的牛肉馅比例要恰当,通常最好的比例是将瘦牛肉泥和肥油以3:1或4:1的比例混合调配。经由肥油的润泽,牛肉馅吃起来才不会过于干涩,因肥油比例不高,再加入葱、姜等辛香料,吃起来口感就不会过于油腻。

# 牛肉馅饼

### 材料

温水面团500克(做法请见P153)、牛肉泥300克、姜10克、葱120克、水50毫升、色拉油适量

### 调味料

盐3.5克、细砂糖3克、酱油10毫升、米酒10毫升、白胡椒粉1小匙、香油1大匙

### 做法

1. 姜洗净,切末;葱洗净,切碎,备用。
2. 牛肉泥放入钢盆中,加入盐后搅拌至有黏性,再加入细砂糖及酱油、米酒拌匀。将50毫升水分2次加入,边加水边搅拌至水分被肉吸收。
3. 加入姜末、白胡椒粉及香油拌匀,要包前再加入葱花,拌匀成馅(见图1)。
4. 将温水面团搓成长条,切成每个重约30克的面球;将切好的面球撒上面粉以防粘连,再将面球用擀面棍擀成直径为9~10厘米的圆形面皮(见图2)。
5. 取约30克馅放入面皮中,将馅包入略压成饼形。平底锅加热后加入1大匙色拉油,放入馅饼,以小火将两面煎至金黄酥脆即可(见图3~5)。

# 葱馅饼

材料

温水面团600克（做法请见P153）、葱花300克、色拉油适量

调味料

香油2大匙、细盐3克、白胡椒粉1大匙、花椒粉1/4小匙

做法

1. 将温水面团均匀分成20份。
2. 将葱花与香油拌匀后，加入细盐、白胡椒粉及花椒粉拌匀成内馅（见图1~2）。
3. 取1份小面团，擀成直径约8厘米的圆形，包入约15克内馅，再略压成饼形，制成葱馅饼（见图3~6）。
4. 取一平底锅，倒入约50毫升色拉油烧热，再放入葱馅饼，以小火将两面半煎半炸至外观金黄即可（见图7~8）。

## 美味秘诀

　　在煎馅饼时，可以选择较厚的平底锅，让饼受热更均匀。在煎的同时用锅铲将馅饼轻轻压一压，可让馅饼熟得更快。

单元 ❹ 面饼篇

# 萝卜丝饼

### 材料

温水面团460克（做法请见P153）、白萝卜丝1000克、葱花30克、虾米80克、色拉油适量

### 调味料

A. 盐1小匙
B. 盐1/4小匙、细砂糖1小匙、白胡椒粉1小匙、香油1大匙

### 做法

1. 虾米用开水泡过后，沥干切碎。
2. 将白萝卜丝加入调味料A拌匀，腌渍20分钟后挤去水分。
3. 加入调味料B及葱花拌匀成萝卜丝馅，备用。
4. 将温水面团搓成长条，切成每个重约35克的面球。
5. 将切好的面球撒上面粉以防粘连，再将面球用擀面棍擀成直径为9～10厘米的圆形面皮。
6. 将约35克萝卜丝馅放入面皮中，将馅包好略压成饼形。
7. 平底锅加热后加入1大匙色拉油，放入萝卜丝饼，以小火将两面煎至金黄即可。

# 西红柿猪肉馅饼

### 材料

温水面团500克（做法请见P153）、猪肉泥300克、西红柿100克、姜末8克、葱花30克、色拉油适量

### 调味料

盐3.5克、鸡粉4克、细砂糖3克、番茄酱1大匙、米酒10毫升、白胡椒粉1小匙、香油1大匙

### 做法

1. 西红柿放入滚沸的水中汆烫约30秒钟，取出冲凉，去皮切丁，沥去水分备用。
2. 猪肉泥放入钢盆中，加入盐搅拌至有黏性，再加入鸡粉、细砂糖、番茄酱以及米酒拌匀。
3. 加入姜末、白胡椒粉以及香油拌匀，要包入面皮前再加入西红柿丁和葱花，搅拌均匀，即为西红柿猪肉馅。
4. 将温水面团搓成长条，切成每个重约30克的面球，撒上面粉以防粘连，再用擀面棍擀成直径为9～10厘米的圆形面皮，每张面皮包入约30克西红柿猪肉馅，以逆时针方向将馅饼皮捏出褶痕，最后将收口捏紧，成为包子形，再用手掌略施力将其向下压成圆饼状。
5. 平底锅加热，倒入1大匙色拉油，放入馅饼，以小火煎至两面金黄酥脆即可。

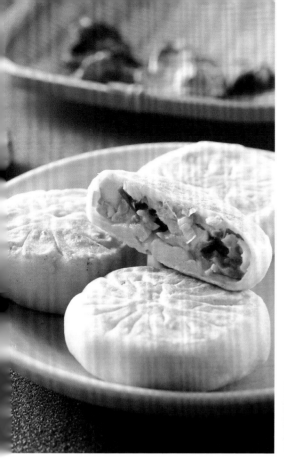

# 香菇鸡肉馅饼

 材料

温水面团500克（做法请见P153）、鸡腿肉300克、泡发香菇80克、姜末8克、葱花50克、色拉油适量

 调味料

盐3.5克、鸡粉4克、细砂糖3克、酱油10毫升、米酒10毫升、白胡椒粉1小匙、香油1大匙

做法

1. 将泡发香菇切碎；鸡腿肉用刀剁碎成约0.5厘米见方的碎肉块，备用。
2. 将鸡腿肉碎放入钢盆中，加盐搅拌至有黏性，再加入鸡粉、细砂糖、酱油以及米酒拌匀。
3. 加入姜末、白胡椒粉以及香油拌匀，包入面皮前再加入葱花和香菇碎拌匀，即为香菇鸡肉馅。
4. 温水面团搓成长条，切成每个重约30克的面球，撒上面粉以防粘连，用擀面棍擀成直径为9～10厘米的圆形面皮，每张面皮包入约30克内馅，以逆时针方向将馅饼皮捏出褶痕，最后将收口捏紧，成为包子形，再以手掌略施力将其向下压成圆饼状。
5. 平底锅加热，倒入1大匙色拉油，放入馅饼，以小火将两面煎至金黄酥脆即可。

# 芹菜羊肉馅饼

 材料

温水面团500克（做法请见P153）、羊肉泥300克、姜末8克、葱花20克、芹菜100克、色拉油适量

调味料

盐3.5克、鸡粉4克、细砂糖3克、酱油10毫升、米酒10毫升、白胡椒粉1小匙、香油1大匙

做法

1. 芹菜洗净，沥干切碎，备用。
2. 羊肉泥放入钢盆中，加盐搅拌至有黏性，再加入鸡粉、细砂糖、酱油以及米酒拌匀。
3. 加入姜末、白胡椒粉以及香油拌匀，要包入面皮前再加入芹菜碎和葱花，搅拌均匀，即为芹菜羊肉馅。
4. 温水面团搓成长条，切成每个重约30克的面球，撒上面粉以防粘连，用擀面棍擀成直径为9～10厘米的圆形面皮，每张面皮包入约30克芹菜羊肉馅，以逆时针方向将馅饼皮捏出褶痕，最后将收口捏紧，成为包子形，再以手掌略施力将其向下压成圆饼状。
5. 平底锅加热，倒入1大匙色拉油，放入馅饼，以小火将两面煎至金黄酥脆即可。

单元 ④ 面饼篇

# 咖喱馅饼

### 材料

鸡肉丁150克、土豆丁70克、胡萝卜丁60克、温水面团360克（做法请见P153）、水淀粉40毫升、高汤120毫升、色拉油适量

### 调味料

葱油1大匙、味精1/2小匙、盐1/2小匙、糖1/2小匙、胡椒粉1/2小匙、咖喱粉2小匙

### 做法

1. 热锅放入葱油、高汤、鸡肉丁，以中小火炒开，继续加入土豆丁、胡萝卜丁和其余调味料，炒2分钟，再放入水淀粉炒匀即成馅料，待凉放入冰箱，备用。
2. 温水面团分成每个重约60克的小面团，挤压成球状，静置5分钟后，压扁再擀成直径约12厘米外薄内厚的馅饼皮。
3. 取一张馅饼皮，包入适量馅料，收口向下并压成饼状，再放入热油锅中煎8~10分钟至两面金黄即可。

# 酸菜馅饼

### 材料

猪肉馅150克（做法请见P168）、酸菜丁50克、葱花60克、温水面团360克（做法请见P153）、色拉油2大匙

### 做法

1. 将猪肉馅和酸菜丁一起混拌均匀，制成酸菜馅料，再将馅料放入冰箱中冷藏，备用。
2. 取温水面团，分成每个重约60克的小面团，再用双手将其由外向内挤压成圆球状，醒置约5分钟后，擀成直径约12厘米、外薄内厚的馅饼皮。
3. 取一张馅饼皮，包入约35克酸菜馅料和15克葱花，以顺时针方向将馅饼皮慢慢捏出褶痕，再将收口捏紧，成为包子形后，用手掌略施力向下将其压成约1.5厘米厚的圆片，即为馅饼。
4. 取一煎锅，放入2大匙色拉油烧热，放入做好的馅饼，以小火煎8~10分钟至两面金黄熟透即可。

# 海鲜馅饼

材料

五花肉泥100克、虾仁丁40克、墨鱼末40克、海参细丁40克、韭黄段60克、马蹄细丁20克、温水面团360克（做法请见P153）、色拉油2大匙

调味料

蚝油1大匙、味精1/2小匙、糖1/2小匙、胡椒粉1/2小匙、香油1小匙

做法

1. 将所有材料（温水面团和色拉油除外）和调味料混合搅拌至有黏性，制成馅料，放入冰箱冷藏，备用。
2. 将温水面团分成每个重约60克的小面团，挤压成球状，静置醒约5分钟后，压扁再擀成直径约12厘米、外薄内厚的饼皮。
3. 取一张饼皮，包入约50克馅料，收口向下并压成饼状，放入加了色拉油的热锅中煎8~10分钟至两面金黄即可。

# 豆渣馅饼

材料

黄豆渣80克、圆白菜丝100克、香菇丝(炒熟)30克、胡萝卜丝40克、温水面团360克（做法请见P153）、色拉油2大匙

调味料

盐3克、味精1小匙、糖1小匙、胡椒粉1小匙、香油1大匙

做法

1. 将除温水面团、色拉油外的所有材料、调味料一起混拌均匀，制成豆渣馅，放进冰箱冷藏，备用。
2. 将温水面团分成每个重约60克的小面团，再用双手将其由外向内挤压成球状，醒置约5分钟后，再擀成直径约12厘米、外薄内厚的馅饼皮。
3. 取一张馅饼皮，包入豆渣馅，以顺时针方向将馅饼皮慢慢捏出褶痕，将收口捏紧，成为包子形，再以手掌略施力将其向下压成约1.5厘米厚的圆片，即为馅饼。
4. 取一煎锅，放入2大匙色拉油热锅后，将馅饼放入煎锅中，以小火煎8~10分钟至两面金黄熟透即可。

单元 ❹ 面饼篇

# 香椿馅饼

 **材料**

香椿酱120克、胡萝卜末40克、马蹄末50克、香菇末40克、素肉浆40克、温水面团360克（做法请见P153）、色拉油2大匙

**调味料**

盐1/2小匙、糖1小匙

**做法**

1. 将所有材料(温水面团、色拉油除外)和所有调味料一起混拌均匀，制成香椿馅料，放进冰箱冷藏，备用。
2. 取温水面团，分成每个重约60克的小面团，再用双手由外向内将其挤压成球状，醒置约5分钟后，擀成直径约12厘米、外薄内厚的馅饼皮。
3. 取一张馅饼皮，包入香椿馅料，以顺时针方向将馅饼皮慢慢捏出褶痕，再将收口捏紧，成为包子形，用手掌略施力将其向下压成约1.5厘米厚的圆片，即为馅饼。
4. 取煎锅，放入2大匙色拉油烧热后，放入馅饼，以小火煎8~10分钟至两面金黄熟透即可。

# 南瓜馅饼

**材料**

南瓜丁100克、干金针30克、枸杞子30克、菠菜50克、温水面团360克（做法请见P153）、色拉油2大匙、白油15克、水淀粉30毫升

**调味料**

蒜末1大匙、盐1/2小匙、味精1/2小匙、糖1/2小匙、香油1小匙、胡椒粉1/2小匙

**做法**

1. 干金针泡水后洗净，切小段；枸杞子洗净，泡水约5分钟后捞出；菠菜洗净，切小段备用。
2. 热锅后放入白油，炒香蒜末后加入南瓜丁、金针段、枸杞子略拌炒，再放入其余调味料，用水淀粉勾芡后盛盘，待冷却后加入菠菜，一起混拌均匀即为南瓜馅料。
3. 取温水面团，分成每个重约60克的小面团，再用双手由外向内将其挤压成圆球状，醒置约5分钟后，擀成直径约12厘米、外薄内厚的馅饼皮。
4. 取一张馅饼皮，包入南瓜馅料，以顺时针方向将馅饼皮慢慢捏出褶痕，最后将收口捏紧，成为包子形，再以手掌将其向下压成1.5厘米厚的圆片状，即为馅饼。
5. 取一煎锅，放入2大匙色拉油热锅后，将馅饼放入煎锅中，以小火煎8~10分钟至两面金黄熟透即可。

# 椒盐馅饼

 材料

黑芝麻粉70克、板油65克、糖粉65克、白胡椒粉1小匙、黑胡椒粉1小匙、盐1/2小匙、温水面团240克（做法请见P153）、色拉油2大匙

做法

1. 将所有材料(温水面团、色拉油除外) 一起混拌均匀后，制成椒盐馅料，分成4等份后，放进冰箱中冷藏，备用。
2. 将温水面团分成每个重约60克的小面团，再用双手由外向内将其挤压成球状，醒置约5分钟后，擀成直径约12厘米、外薄内厚的馅饼皮。
3. 取一张馅饼皮，包入适量椒盐馅料，再将馅饼皮折叠成四方形，即为馅饼。
4. 取一煎锅，放入2大匙色拉油烧热，放入馅饼，以小火煎8～10分钟至两面金黄熟透即可。

# 三菇馅饼

材料

鲜香菇50克、金针菇50克、鲜草菇50克、味噌25克、温水面团240克（做法请见P153）、色拉油1.5大匙

做法

1. 将鲜香菇、金针菇、鲜草菇洗净，沥干水分后切成细丁，一起混拌均匀即为馅料。
2. 将温水面团分成每个重约60克的小面团，再用双手由外向内将其挤压成圆球状，醒置约5分钟后，擀成直径约12厘米、外薄内厚的馅饼皮。
3. 取一张馅饼皮，在中间抹上约6克的味噌，再包入约40克馅料，以顺时针方向将馅饼皮慢慢捏出褶痕，将收口捏紧，成为包子形，再以手掌将其向下压成约1.5厘米厚的圆片状，即为馅饼。
4. 取一煎锅，放入1.5大匙色拉油烧热，将馅饼放入煎锅中，以小火煎8～10分钟至两面金黄熟透即可。

单元 ④ 面饼篇

# 花生馅饼

### 材料

熟咸花生仁20克、花生粉50克、白油60克、糖粉60克、温水面团240克（做法请见P153）、色拉油1.5大匙

### 做法

1. 熟咸花生仁拍碎，与花生粉、白油、糖粉一起混拌均匀制成花生馅料，再等分成4份，放进冰箱冷藏，备用。
2. 将温水面团分成每个约60克的小面团，再用双手由外向内将其挤压成球状，醒置约5分钟后，擀成直径约12厘米、外薄内厚的馅饼皮。
3. 取一张馅饼皮，包入花生馅料，用手取三等份的馅饼皮向中心粘住，再将三边的边缘捏紧，静置3~5分钟后，再用手掌略施力将其向下压成约1厘米厚的三角形，即为馅饼。
4. 取一煎锅，放入1.5大匙色拉油烧热，放入馅饼，以小火煎8~10分钟至两面金黄熟透即可。

# 豆沙馅饼

### 材料

红豆粒沙210克、温水面团360克（做法请见P153）、色拉油2大匙、糯米粉35克、冷水40毫升、椰浆10毫升、细砂糖15克

### 做法

1. 将糯米粉、椰浆、细砂糖和20毫升冷水一起放入容器内，以打蛋器调匀，再加入剩余的20毫升冷水调匀备用。
2. 取6只饭碗，在每一只饭碗底部抹上少许油(分量外)，将做法1的材料平均倒入6只饭碗内，以中火蒸约10分钟，熄火取出，即为麻糬。
3. 将温水面团分成每个重约60克的小面团，再将小面团用双手由外向内挤压成球状，醒置约5分钟。
4. 将小面球擀成直径约12厘米、外薄内厚的馅饼皮，先包入红豆粒沙，再包入一块麻糬，再包入红豆粒沙，以形成夹心内馅，然后以顺时针方向将馅饼皮慢慢捏出褶痕，将收口捏紧，成为包子形，再以手掌略施力将其向下压成约1.5厘米厚的圆片，即为馅饼。
5. 取一煎锅，放入2大匙色拉油烧热，将馅饼放入煎锅中，以小火煎8~10分钟至两面金黄熟透即可。

# 酒酿馅饼

 材料

酒酿100克、绿豆沙120克、鲜奶油1大匙、橘瓣6瓣、温水面团360克（做法请见P153）、色拉油2大匙

做法

1. 将酒酿、绿豆沙、鲜奶油混拌均匀制成馅料，放入冰箱中冷藏，备用。
2. 橘瓣切剪成小段备用。
3. 将温水面团分成每个重约60克的小面团，再用双手由外向内将其挤压成球状，醒置约5分钟后，擀成直径约12厘米、外薄内厚的馅饼皮。
4. 取一张馅饼皮，包入约40克馅料和几小段橘瓣，以顺时针方向将馅饼皮慢慢捏出褶痕，将收口捏紧，成为包子形，再以手掌略施力将其向下压成约1.5厘米厚的圆片，即为馅饼。
5. 取一煎锅，放入2大匙色拉油烧热，放入馅饼，以小火煎8~10分钟至两面金黄熟透即可。

# 红豆芋泥馅饼

材料

蜜红豆粒90克、芋泥180克、鲜奶油30克、温水面团360克（做法请见P153）、色拉油2大匙

做法

1. 蜜红豆粒、芋泥、鲜奶油一起放入容器内拌匀后，分成6等份，即为红豆芋泥馅料。
2. 将温水面团分成每个重约60克的小面团，用双手由外向内将其挤压成球状，醒置约5分钟后，擀成直径约12厘米、外薄内厚的馅饼皮。
3. 取一张馅饼皮，包入红豆芋泥馅料，以顺时针方向将馅饼皮慢慢捏出褶痕，将收口捏紧，成为包子形，再以手掌略施力将其向下压成约1.5厘米厚的圆片，即为馅饼。
4. 取一煎锅，放入2大匙色拉油烧热，放入馅饼，以小火煎8~10分钟至两面金黄熟透即可。

単元 ④ 面饼篇

# 肉松馅饼

材料

发酵面团300克（做法请见P155）、
肉松100克、葱花100克、香油1大
匙、色拉油适量

做法

1. 将葱花与香油拌匀，再加入肉松
   拌匀成馅料。
2. 将发酵面团搓成长条，切成每个
   重约30克的小面团，再将小面团
   挤压成球状。
3. 在面球上撒上面粉（材料外）以
   防粘连，再将面球用擀面棍擀成
   直径为9~10厘米的圆形面皮。
4. 取约20克馅料，放入面皮中，略
   压成饼形。
5. 取一平底锅加热，加入1大匙色
   拉油，放入馅饼，以小火将两面
   煎至金黄即可。

# 蟹壳黄

材料

发酵面团160克（做法请见P155）、
低筋面粉80克、猪油40克、白芝麻适
量、猪肥肉100克、葱花20克

调味料

细盐2克

做法

1. 猪肥肉绞细，与细盐及葱花一起拌
   匀成内馅；低筋面粉及猪油混合搓
   匀成油酥，备用。
2. 将发酵面团分成每个重约20克的小
   面团，分别包入15克油酥后压扁，
   擀成长条形、卷起，放直压扁，再
   擀一次，卷成圆柱形，再压扁，擀
   成圆形即成酥皮。
3. 每张酥皮包入15克内馅，包成圆
   形后用手稍压扁，表面刷上少许
   水（材料外），撒上白芝麻，放入
   预热好的烤箱，再以上下火均为
   180℃的温度烤约20分钟即可。

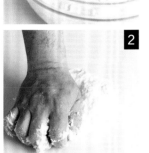

# 烧饼面团

🦉 材料

中筋面粉600克、盐6克、热水（65~70 ℃）380毫升、低筋面粉80克、色拉油50毫升

🍚 做法

1. 将中筋面粉过筛，加入盐稍微拌匀，倒入热水，以擀面棍或筷子拌匀（见图1）。
2. 用双手将面团揉约3分钟，再用干净的湿毛巾或保鲜膜盖好，静置放凉，醒约30分钟，取出，揉至表面光滑即为温水面团（见图2）。
3. 取锅，倒入色拉油，开小火烧热至油温约80 ℃，放入低筋面粉，小火炒约5分钟至略呈金黄色后，起锅放凉即为油酥（见图3）。
4. 将温水面团擀成长方形（约宽20厘米、长40厘米），均匀抹上油酥，由上而下卷成长圆筒状，再分切成12等份，最后将切口处稍微捏紧即可（见图4~5）。

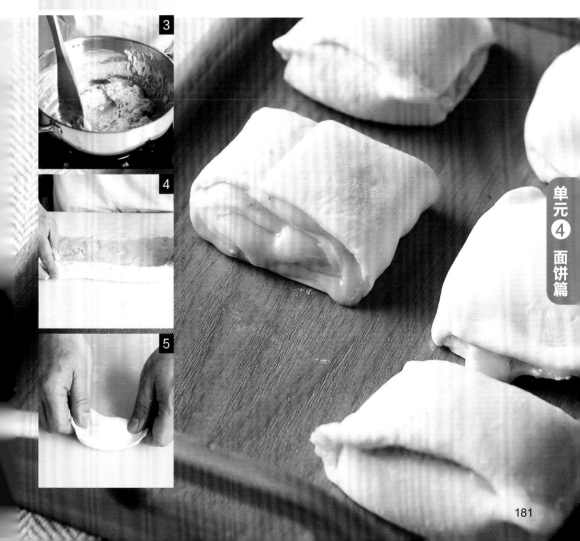

单元④ 面饼篇

181

# 芝麻烧饼

 材料

烧饼面团500克（做法请见P181）、
白芝麻30克

 做法

1. 将烧饼面团平均分成20份，再将
每个烧饼面团以擀面棍擀成长方
形，由两边向内折成三折，再擀
成厚约0.4厘米的长方形，表面涂
水，沾上芝麻；将沾有芝麻的面朝
下，再以擀面棍擀压一次，重复前
述步骤至面团用完为止。
2. 烤箱预热至上、下火温度均为
210℃，将做法1的材料移入烤箱，
烘烤约12分钟至金黄酥脆即可。

 美味秘诀

　　将烧饼面团擀折成三折之后
再重复擀压，是为了做出烧饼的层
次，可以重复这个动作做出更多的
层次感，口感也更酥脆，不过最好
不要超过3次，否则饼皮会因为层
次太多、太薄而容易碎。

# 甜烧饼

 材料

烧饼面团500克（做
法请见P181）、黑
芝麻15克、白芝麻15
克、二砂糖150克、
低筋面粉50克

 做法

1. 将二号砂糖及低筋面粉拌匀成馅料，备用。
2. 将烧饼面团分成20等份，再将每份小面团擀成长
方形，由两边向内折成三折，擀成厚约0.6厘米
的正方形面皮。
3. 每张面皮包入1大匙馅料后捏紧收口，略压扁后
以擀面棍擀成椭圆形，表面涂上水，沾上混合均
匀的黑、白芝麻，重复上述步骤至面团用完。
4. 烤箱预热至上、下火温度均为210℃，将做法3的材
料移入烤箱，烘烤约12分钟至表面金黄酥脆即可。

# 葱烧饼

 **材料**

烧饼面团500克（做法请见P181）、白芝麻适量、葱花300克、色拉油2大匙

🧂 **调味料**

白胡椒粉1小匙、细盐1小匙

🥣 **做法**

1. 将葱花放入大碗中，加入2大匙色拉油和所有调味料拌匀成馅料，备用。
2. 将烧饼面团分成20等份，再将每份小面团擀成长方形，由两边向内折成三折，再擀成厚约0.6厘米的正方形面皮。
3. 每张面皮包入1大匙馅料后捏紧收口，略压扁后以擀面棍擀成椭圆形，表面涂上水，沾上白芝麻，重复上述步骤至面团用完。
4. 烤箱预热至上、下火温度均为210℃，将做法3的材料移入烤箱，烘烤约12分钟至表面金黄酥脆即可。

# 芽菜奶酪烧饼

 **材料**

芝麻烧饼2块（做法请见P182）、苜蓿芽30克、小豆苗30克、奶酪片2片

🧂 **调味料**

沙拉酱2大匙

🥣 **做法**

1. 苜蓿芽、小豆苗洗净，沥干水分备用。
2. 将芝麻烧饼用剪刀从侧面剪开，分别放入苜蓿芽、小豆苗并抹上沙拉酱，最后放入奶酪片，再将烧饼两面合拢夹紧即可。

# 葱烧肉片烧饼

 **材料**

芝麻烧饼2块（做法请见P182）、猪梅花肉片80克、葱50克

🧂 **调味料**

酱油2大匙、细砂糖1大匙

🥣 **做法**

1. 葱洗净，斜切片；梅花猪肉片洗净，沥干水分，备用。
2. 取锅，倒入2大匙色拉油烧热，放入猪梅花肉片，以中火炒至肉片变白后加入葱片及酱油、细砂糖，持续炒至汤汁收干制成馅料盛出备用。
3. 将芝麻烧饼用剪刀从侧面剪开，分别放入适量馅料，再将烧饼两面合拢夹紧即可。

单元 ④ 面饼篇

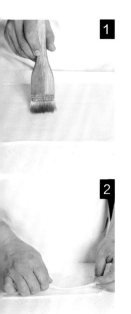

# 盘丝饼

 材料

冷水面团300克（做法请见P154）、色拉油
2大匙、细砂糖3大匙

做法

1. 将冷水面团擀成厚约0.2厘米的长方形，
   表面涂上色拉油（见图1）。
2. 将擀好的长方形面饼对折后，用刀切成宽
   约0.5厘米的细丝（见图2~3）。
3. 将每10股细丝抓成一股，静置约10分钟后
   捏起头尾（见图4）。
4. 拉长后盘成圆盘状，再压平成饼（见图5）。
5. 平底锅加热，加入2大匙色拉油，放入做
   好的饼，以小火将两面煎至金黄酥脆，装
   盘后撒上细砂糖即可。

美味秘诀

静置醒的时间一定
要足够，这样面团在拉
长盘起时延展性才会
好，否则很容易拉断，
做出来的盘丝饼也会不
美观。

# 花生糖饼

 材料

发酵面团300克（做法请见P155）、花生粉120克、细砂糖180克

 做法

1. 将花生粉及细砂糖拌匀成馅料。
2. 将面团搓长条，切成每个重约30克的小面团，再将小面团挤压成面球。
3. 在面球上撒上面粉（材料外）以防粘连，再将面球用擀面棍擀成直径为9～10厘米的圆形面皮。
4. 取约30克馅料放入面皮中，将馅料包入，略压成饼形。
5. 平底锅加热，将饼放入，盖上锅盖，以小火烙约5分钟至表面金黄，翻面再烙约5分钟至两面金黄即可。

# 家常糖饼

 材料

冷水面团300克（做法请见P154）、二砂糖150克

 做法

1. 将冷水面团分成每个重约30克的小面团，静置醒约10分钟。
2. 将小面团擀成圆形面皮，每张面皮包入1大匙二砂糖后再醒10分钟。
3. 用擀面棍将包好的面皮擀成直径约5厘米的圆饼。
4. 取锅热油，烧至油温约160 ℃后，将圆饼放入油锅，以中火炸至表皮略呈金黄色即可。

单元 ④ 面饼篇

# 芝麻枣泥炸饼

材料

冷水面团300克（做法请见P154）、枣泥300克、白芝麻50克

做法

1. 将冷水面团分成每个重约15克的小面团，静置醒约10分钟。
2. 将小面团擀成圆形面皮，每张面皮包入约15克枣泥，略压扁后表面用少许水（材料外）沾湿，再沾上白芝麻。
3. 取锅热油，烧至油温约160℃后，将饼放入油锅，以中火炸至表皮略呈金黄色即可。

# 油撒子

材料

中筋面粉200克、盐2克、水120毫升、色拉油60毫升

美味秘诀

油撒子也是一种用冷水面团做的点心，但含水量较本书的基础冷水面团高。

做法

1. 将所有材料混合揉至有筋性后醒约10分钟，再揉一次让筋性更强。
2. 用手沾上少许色拉油（分量外），将面团搓成约圆珠笔杆粗细大约15厘米长的条，排放于托盘上，盖上保鲜膜，置于室温下醒约6小时。
3. 烧热油锅至油温约180℃，将醒好的面条拉长，盘于手指上后用筷子撑开、撑长，下油锅炸约5秒钟定型，最后拿开筷子将面条炸至金黄酥脆即可。

# 蜂蜜南瓜饼

 材料

冷水面团400克（做法请见P154）、
南瓜400克、盐1/2小匙、细砂糖80
克、蜂蜜100毫升、色拉油适量

 做法

1. 将南瓜洗净，刨丝，与盐、细砂糖
   拌匀成馅料。
2. 将冷水面团分成每个重约40克的小
   面团，静置醒10分钟。
3. 将小面团擀成圆形面皮，每张面皮
   包入约40克馅料，再静置醒约10
   分钟。
4. 用擀面棍将包好的面皮擀成直径约
   5厘米的圆饼。
5. 平底锅加热，加入3大匙色拉油，
   放入做法4的馅饼，以小火将两面
   煎至金黄，再淋上蜂蜜即可。

# 金枪鱼沙拉饼

 材料

冷水面团400克（做法请见P154）、罐头金枪
鱼200克、洋葱丁80克、黑胡椒粉1/2小匙、沙
拉酱3大匙、色拉油适量

 做法

1. 金枪鱼肉压碎后，与洋葱丁、黑胡椒粉及沙
   拉酱拌匀成馅料。
2. 将冷水面团分成每个重约40克的小面团，静
   置醒约10分钟。
3. 将小面团擀成圆形面皮，每张面皮包入1大匙
   馅料，再醒10分钟。
4. 用擀面棍将包好的面皮擀成直径约5厘米的
   圆饼。
5. 取锅热油，烧至油温约160 ℃后，将饼放入
   油锅，以中火炸至表皮略呈金黄色即可。

单元 ④ 面饼篇

# 筋饼皮

🥬 **材料**

中筋面粉500克、水300毫升、盐5克

🥣 **做法**

1. 将中筋面粉过筛（见图1），加盐稍微拌匀后，倒入水拌匀，再以双手揉约3分钟至揉成面团（见图2），用干净的湿毛巾或保鲜膜盖好，静置醒约2小时。
2. 将面团取出，揉至表面光滑，分成20等份，各擀成厚约0.1厘米的圆形面皮（见图3~4）。
3. 平底锅烧热，放入圆形面皮（见图5），以小火将两面各干煎约30秒钟至表皮表面起泡即可。

**美味秘诀**

筋饼是以小火干煎烘熟的，不用油煎的饼皮更为清香，因为不含油分，所以只要表面出现气泡且略干时就已经熟透了，若烘到金黄时口感就会太硬。

# 土豆筋饼卷

 材料

筋饼皮2张（做法请见P188）、猪肉丝80克、土豆丝100克、胡萝卜丝30克、葱丝20克、色拉油适量、水50毫升

调味料

盐1/2小匙、细砂糖1小匙、白胡椒粉1/4小匙

做法

1. 取锅烧热，倒入少许色拉油，将猪肉丝及葱丝下锅略爆香炒匀。
2. 加入土豆丝及胡萝卜丝翻炒均匀，再加入所有调味料，一起用小火炒至汤汁收干即成馅料。
3. 取一张筋饼皮摊平，将炒好的馅料均匀分放入饼中，再将饼卷起即可。

# 京葱鸭丝卷

 材料

筋饼皮10张（做法请见P188）、葱5根、烤鸭肉400克

调味料

甜面酱150克

单元④ 面饼篇

做法

1. 葱洗净切丝；烤鸭肉切粗丝，备用。
2. 将筋饼皮摊平，均匀抹上1小匙甜面酱，再放入适量葱丝和烤鸭肉丝，包卷起来即可。

 美味秘诀

　　烤鸭和甜面酱非常配，简单利用市售的烤鸭加上青葱和甜面酱，就可以品尝到美食。

# 酸甜炸鸡卷

 材料

筋饼皮2张（做法请见P188）、鸡腿排1块、生菜叶2片、地瓜粉50克、色拉油适量、水1大匙

调味料

A. 盐1/4小匙、细砂糖1/2小匙、米酒1小匙、白胡椒粉1/6小匙、鸡蛋1个（取一半蛋清）
B. 市售甜鸡酱2大匙

 做法

1. 用刀在鸡腿排内侧交叉切断筋后，加入调味料A拌匀，腌渍30分钟，再裹上地瓜粉备用。
2. 取锅热油，加热至油温约180 ℃，放入鸡腿排，以小火炸约12分钟，炸至表皮金黄酥脆，捞出沥干油，对切成2条。
3. 取筋饼皮平铺，分别放入生菜叶、鸡腿排，再淋上市售甜鸡酱，卷成圆筒状即可。

# 泡菜牛肉卷

 材料

筋饼皮2张（做法请见P188）、生菜叶4片、韩式泡菜200克、牛肉片200克、洋葱丝50克、水2大匙、色拉油适量

调味料

蚝油1大匙、米酒1大匙

 做法

1. 将韩式泡菜与牛肉片切小片；锅烧热，倒入少许油，将洋葱丝下锅略爆香炒匀。
2. 加入牛肉片，下锅炒至松散后，加入韩式泡菜片、2大匙水及所有调味料，一起以小火炒至汤汁收干后取出。
3. 取一张筋饼皮摊平，铺上生菜叶后，取适量炒好的馅料放入饼中，再将饼卷起即可。

# 孜然烙饼

 材料

发酵面团300克（做法请见P155）、细盐1/2小匙、孜然粉1大匙

做法

1. 将面团擀成约50厘米×20厘米的长方形面皮，再在面皮表面撒上细盐及孜然粉。
2. 将面皮由上往下卷成圆筒状后分切成10份，醒约5分钟。
3. 将做法2的面团用擀面棍擀成直径为9~10厘米的圆形面皮，用叉子在表面刺上小孔以防起泡。
4. 平底锅加热后放入面皮，盖上锅盖，以小火烙约5分钟至表面金黄，翻面再烙约5分钟至两面金黄即可。

# 芝麻葱烙饼

材料

发酵面团300克（做法请见P155）、葱花80克、色拉油适量、细盐2克、白胡椒粉1克、白芝麻15克

做法

1. 将面团擀成约50厘米×20厘米的长方形。
2. 在面皮表面均匀抹上色拉油，撒上细盐及白胡椒粉，再撒上葱花。
3. 将面皮由上往下卷成圆筒状，再盘成圆形，静置醒约10分钟。
4. 将醒过的饼压扁后擀成圆形，表面抹上少许水（材料外），沾上芝麻。
5. 平底锅加热，加入3大匙色拉油，将做好的饼放入，盖上锅盖，以小火烙约5分钟至表面金黄，翻面再烙约5分钟至两面金黄即可。

单元④ 面饼篇

# 麻酱烧饼

材料

发酵面团300克（做法请见P155）、芝麻酱4大匙、细盐1/2小匙、白芝麻适量

美味秘诀

若担心芝麻酱太干，可加入适量香油搅稀，这样不但容易抹开，口感也比较润滑。

做法

1. 将发酵面团擀成约50厘米×20厘米的长方形。
2. 在面皮的表面均匀地抹上芝麻酱，再撒上细盐（见图1）。
3. 将面皮由上往下卷成圆筒状后，分切成8份（见图2~3）。
4. 用手指将两边切口压扁，封口后静置醒约5分钟。
5. 将醒过的饼压扁后擀成长方形，表面抹上少许水（材料外），撒上芝麻（见图4~5）。
6. 将烤箱预热至温度约200℃，放入做好的饼，烤约12分钟至金黄酥脆即可。

# 烧饼夹牛肉

 材料

发酵面团300克（做法请见P155）、白芝麻适量、牛肉片200克、蒜末20克、洋葱丝100克、小黄瓜片20片、色拉油适量

🧂 调味料

盐1/2小匙、黑胡椒粉1/4小匙、米酒1大匙

🍚 做法

1. 将发酵面团分成10等份后滚圆，表面抹上水（材料外），沾上白芝麻。
2. 烤箱预热至温度约200℃，放入滚圆的小面团烤约12分钟至表面金黄，取出后横切开（不要切断），制成烧饼备用。
3. 热锅，放入2大匙色拉油，小火炒香蒜末及洋葱丝，放入牛肉片，炒至牛肉片表面变白后，加入所有调味料，炒匀起锅即为馅料。
4. 将烧饼夹入2片小黄瓜及适量馅料即可。

# 芝麻酥饼

 材料

A. 发酵面团160克（做法请见P155）、低筋面粉80克、猪油40克、黑芝麻10克、白芝麻10克
B. 黑芝麻粉60克、细砂糖35克、猪油25克

🍚 做法

1. 将材料B混合拌匀成内馅；低筋面粉及猪油混合搓匀成油酥；黑芝麻及白芝麻混合，备用。
2. 将发酵面团分成每个重约20克的小面团，每个小面团包入15克油酥后压扁，擀成长条形、卷起，放直压扁后再擀一次，卷起成圆柱形，再压扁擀成圆形，即为酥皮。
3. 每张酥皮包入约15克内馅，包成圆形，用手稍压扁，表面刷少许水（材料外），撒上黑芝麻、白芝麻，放入预热好的烤箱，再以上下火均为180℃的温度烤约20分钟即可。

单元 ④ 面饼篇

193

# 烤大饼

材料

发酵面团300克（做法请见P155）

做法

1. 将发酵好的面团擀成直径约20厘米的圆饼。
2. 取平底煎锅，以小火热锅，将圆饼放入锅中，盖上锅盖，以小火干烙约6分钟，至饼底呈金黄色后，翻面再干烙约6分钟，至两面金黄且饼熟即可。

**美味秘诀**

发酵面团揉好、擀开后，要尽量快速入锅，不需再静置醒发，这样才不会过度发酵，口感才会劲道。

# 烤葱烧饼

材料

发酵面团600克（做法请见P155）、葱花100克、色拉油50毫升、细盐1小匙、白胡椒粉1克、白芝麻适量

做法

1. 将发酵面团擀成约70厘米×20厘米的长方形；烤箱以180℃的温度预热约10分钟。
2. 在面皮表面均匀抹上色拉油后，撒上细盐及白胡椒粉，再撒上葱花。
3. 将面皮由上往下折3折，折成长条，再在表面抹上水（材料外），沾上芝麻，用刀切成12份，制成烧饼。
4. 将烧饼放至烤盘中，放入预热好的烤箱，烤约10分钟，烤至表面呈金黄色即可。

# 煎饼 食材处理 不马虎

## 蔬菜汆烫去水分

有些蔬菜含水量较多，做成煎饼后较易出水，因此可先将蔬菜略汆烫熟，沥干多余水分后再与面糊调和，这样才不会稀释面糊浓度。另外，煎好后最好趁热吃，避免久放出水导致煎饼软化。

## 依食材调整面糊水量

有些食材含水量多，面糊浓度就要增加。面糊的作用在于辅佐结合食材，避免太稀难成型，像泡菜因腌渍过程中带有水分，因此加入面糊前要先挤去汁液，再加入调匀的面糊中。如果要添加泡菜汁，就要减少面糊中水的分量。

## 使用油量多寡有差别

用不粘锅不需加太多的油，但若想让煎饼口味较重、吃起来酥脆，可以多添加一点油来煎，或是改用猪油来煎，饼会更香酥。此外，整块不易散的煎饼可以半煎半炸，以增加酥脆度，比如月亮虾饼等。

## 海鲜要去壳去刺

煎饼内海鲜种类并没有限定用哪几种，但是虾、鱼或贝类，都需先将壳或刺去除，食用才会方便。或者可以直接选购新鲜虾仁，应挑选肉质清洁完整，呈淡青色或乳白色，且无异味，触感饱满且富有弹性的为佳。另外，要挑拣出黏附在牡蛎身上的细壳，否则烹调出来的煎饼不小心夹带着牡蛎壳，口感会大打折扣。

## 汆烫或快炒更易熟

不易熟的食材可先汆烫过，如此可减少煎饼的时间，但注意处理的时间勿过久，比如海鲜汆烫只需烫半熟，因为之后还有煎的加热程序，这样才不会让海鲜过老，丧失了鲜甜的风味。食材先炒过也是相同的道理，炒的食材比汆烫的食材略"香"一些，可以根据每道食谱的不同风味来选择。

## 食材压泥或打汁

还有一种处理法是将食材蒸熟后压成泥，如红薯、南瓜等根茎类食材，压泥能让食材的体积变得更小，就可以与面粉拌匀整理好形状再去煎制；或者将蔬菜等较软的食材打成汁液，再混合粉类去煎。这两种方法不同于将食材直接拌入面糊的煎饼，反而可以吃到另一种细腻的风味，比如红薯煎饼、玉米煎饼等。

单元 ④ 面饼篇

# 煎饼美味诀窍 Q&A

许多人遇到的最大问题就是饼煎不熟,而且煎得不漂亮,这时火候和技巧的掌握就非常重要了,通常只要注意这些小细节,就可以做出色、香、味俱全的煎饼。

## Q1: 为何煎饼时很容易变焦?

A1: 煎饼时一定要用小火慢慢煎,不能心急开大火,不然容易外焦内生,吃起来半生不熟。同时也要注意接触锅底那面的饼皮是否已呈金黄色,煎得过久当然就会变焦黑了。

## Q2: 有没有方法可以让煎饼熟得更快?

A2: 煎制过程中加盖,可以让煎饼内部较快熟透,但因加盖会有水汽残留在煎饼中,此时煎饼口感是"软"的,因此开盖后需再用小火煎至水汽蒸发,这样煎饼才会有"酥"的口感。

## Q4: 要怎样判断煎饼是不是熟了?

A4: 可用竹签判断熟度。如果不知道煎饼内部是否熟透,可以取一根竹签,轻轻地从煎饼中央插入再取出,如果竹签上粘有面糊,那就是中间内部还未熟,需再多煎一会儿,反之若是竹签上面没有任何痕迹,就是中间面糊已经凝固熟透,代表煎饼已经煎熟。

## Q3: 要怎么煎饼才不会粘锅?

A3: 可选用不粘锅,在煎饼时用油量也不需太多,等煎饼底部的面糊变金黄色,就可略转动面饼,使受热均匀一致,煎得更漂亮也不易粘锅。

## Q5: 为何煎饼翻面就散掉而且没有煎熟?

A5: 煎饼如果一边没有先煎定型,翻面时就容易散掉,因此一定要将煎饼一边煎到半熟定型后,才能翻面继续煎,并且要用锅铲将煎饼略为压扁、压紧实。如果是一边还未定型,就心急翻面,如此翻来翻去,当然容易散开。同时要用小火慢煎,并且不断转动煎饼,让其表面全部受热均匀,两面道理皆同,且注意制作的煎饼不要太厚,太厚时需稍微压扁。

## Q6: 若煎到一半时饼粘锅了该怎么办?

A6: 煎饼粘锅通常有几种原因:一种是使用的是不锈钢锅,没有"不粘锅"的功能;另一种是油放太少,油无法包覆住面糊,便粘锅了。如果煎到一半时发现粘锅,绝对不要再继续煎下去,否则粘锅的情形只会越来越严重。正确的方式是先将煎饼盛起,把锅清洗干净,重新热锅加油后,再把煎饼放入续煎。

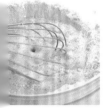

# 韩式海鲜煎饼

## 材料

A. 乌贼1尾、虾仁80克、鲟味棒6根、韭菜30克、蒜仁2颗、红辣椒1/2个、葱1根、色拉油适量

B. 中筋面粉120克、淀粉30克、鸡蛋2个、水80毫升

## 调味料

白芝麻1小匙、盐4克、白胡椒少许

## 做法

1. 乌贼洗净切小圈；虾仁洗净切小丁；鲟味棒对切；韭菜洗净切小段；蒜仁、红辣椒、葱都洗净切小片，备用（见图1）。

2. 将材料B混合搅拌均匀成糊状，静置约15分钟（见图2），再将韭菜段、蒜片、红辣椒片、葱片与所有调味料一起加入面糊中，轻轻搅拌均匀（见图3）。

3. 烧热平底锅，加入1大匙色拉油，再加入调制好的面糊（见图4），立刻将做法1的海鲜料放在面糊上（见图5），以小火煎至双面上色，再取出切成适当大小的等份即可。

# 海鲜煎饼

## 材料

中筋面粉100克、水150毫升、虾仁80克、鱼肉80克、葱40克、圆白菜50克、胡萝卜30克、色拉油适量

## 调味料

A. 盐1/4小匙、细砂糖1/2小匙
B. 盐1/2小匙、白胡椒粉1/4小匙

## 做法

1. 虾仁洗净去肠泥后，开背；鱼肉切小片（见图1）。
2. 胡萝卜去皮洗净，切丝，葱和圆白菜洗净切丝，备用（见图2）。
3. 中筋面粉加入调味料A后，再加水拌匀成面糊，静置备用（见图3）。
4. 热锅，倒入1大匙色拉油，将虾仁及鱼片入锅炒至表面变白（见图4）。
5. 加入圆白菜丝、葱丝、胡萝卜丝炒匀（见图5）。
6. 继续加入调味料B炒至水分收干后，盛起放入面糊中拌匀（见图6）。
7. 将平底锅加热后，倒入2大匙色拉油，把拌好的面糊倒入（见图7），以小火煎约3分钟后翻面（见图8）。
8. 继续煎约3分钟，煎至两面金黄酥脆后，起锅装盘即可。

单元 ④ 面饼篇

# 综合野菜煎饼

### 材料

A. 南瓜40克、紫薯30克、山药30克、西蓝花30克、胡萝卜15克、圆白菜50克、山芹菜20克、小白菜40克、珠葱10克、干香菇1朵、色拉油适量
B. 中筋面粉80克、玉米粉30克、水130毫升

### 调味料

盐1/4小匙、香菇粉1/4小匙、胡椒粉少许

### 做法

1. 将所有材料洗净，切小块、小片或切丝；干香菇泡软洗净切丝；将南瓜、紫薯、山药、胡萝卜放入沸水中，汆烫约1分钟后捞起待微凉，备用。
2. 中筋面粉、玉米粉过筛，加入水一起搅拌均匀成糊状，静置约30分钟，备用。
3. 在面糊中加入所有调味料及所有配料拌匀，即为综合野菜面糊，备用。
4. 平底锅加热，倒入适量色拉油，再加入综合野菜面糊，用小火煎至两面皆金黄熟透即可。

# 蔬菜蛋煎饼

### 材料

A. 面糊1杯、鸡蛋2个、圆白菜150克、胡萝卜丝30克、葱丝1/6小匙、盐1/6小匙、色拉油适量
B. 中筋面粉100克、盐2克、水150毫升、鸡蛋1个、葱花30克

### 做法

1. 将材料B中的中筋面粉与盐混合，加入水及15毫升色拉油搅拌均匀并拌打至有筋性，再加入葱花及鸡蛋拌匀，即为面糊。
2. 圆白菜洗净后切小块；鸡蛋打散后加入盐、胡萝卜丝、葱丝及圆白菜块，拌匀成蔬菜蛋液，备用。
3. 取平底锅加热，加入1大匙色拉油，倒入1/2杯面糊，用煎铲摊成直径约20厘米的煎饼。
4. 将蔬菜蛋液倒至煎饼上，转小火慢煎至蛋液略定型。
5. 淋上另1/2杯面糊，并小心翻面，以小火煎约3分钟至熟即可。

# 圆白菜培根煎饼

材料

A. 圆白菜丝200克、胡萝卜丝20克、培根丁50克、蒜末10克、色拉油适量
B. 中筋面粉90克、粘米粉40克、水160毫升

🧂调味料

盐1/4小匙、鸡粉少许、胡椒粉少许

🍚做法

1. 中筋面粉、粘米粉过筛，再加入水一起搅拌均匀成糊状，静置约40分钟，备用。
2. 在面糊中加入所有调味料及所有材料拌匀，即为圆白菜培根面糊，备用。
3. 取平底锅加热，倒入适量色拉油，再加入圆白菜培根面糊，用小火煎至两面皆金黄熟透即可。

# 圆白菜葱煎饼

材料

中筋面粉150克、细盐4克、冷水200毫升、色拉油适量、葱花20克、圆白菜丝60克

🍚做法

1. 将中筋面粉及细盐放入盆中，分次加入冷水及15毫升色拉油搅拌均匀，拌打至有筋性后，再加入葱花及圆白菜丝拌匀成面糊，备用。
2. 取平底锅加热后，加入2大匙色拉油，取一半面糊入锅摊平，以小火煎至两面金黄即可（重复此步骤，至面糊用完）。

# 彩椒肉片煎饼

材料

A. 猪肉片100克、洋葱丝30克、青椒丝40克、黄甜椒丝35克、红甜椒丝35克、色拉油适量
B. 中筋面粉80克、玉米粉25克、水120毫升、蛋液10克

调味料

盐1/4小匙、鸡粉少许、胡椒粉少许

做法

1. 热锅，加入少许色拉油，放入洋葱丝爆香，再加入猪肉片拌炒至颜色变白，加入少许盐（分量外）拌匀，盛出备用。
2. 中筋面粉、玉米粉过筛，加入水一起搅拌均匀成糊状，静置约30分钟，再加入所有调味料及青椒丝、黄甜椒丝、红甜椒丝、做法1的材料混合拌匀，即成彩椒肉片面糊，备用。
3. 平底锅加热，倒入适量色拉油，再加入彩椒肉片面糊，用小火煎至两面皆金黄熟透即可。

# 胡萝卜丝煎饼

材料

A. 胡萝卜丝100克、蒜苗丝25克、色拉油适量
B. 中筋面粉50克、玉米粉20克、糯米粉30克、鸡蛋1个（搅散成蛋液）、胡萝卜丝150克、水120毫升

调味料

盐1/4小匙、香菇粉少许、胡椒粉少许

做法

1. 热锅，加入适量色拉油，放入蒜苗丝炒香，再加入胡萝卜丝炒软后取出，备用。
2. 取150克胡萝卜丝放入果汁机中，加入120毫升水一起打成胡萝卜汁，备用。
3. 中筋面粉、玉米粉、糯米粉过筛，再加入胡萝卜汁一起搅拌均匀成糊状，静置约30分钟，再加入蛋液、所有调味料及做法1的材料拌匀，即成胡萝卜丝面糊，备用。
4. 平底锅加热，倒入适量色拉油，再加入胡萝卜丝面糊，用小火煎至两面皆金黄熟透即可。

# 菠菜煎饼

 材料

A. 菠菜150克、色拉油2大匙
B. 中筋面粉100克、糯米粉50克、水150毫升

调味料

盐1/2小匙

做法

1. 将材料B混合调匀成面糊，静置约20分钟备用。
2. 菠菜洗净，用沸水汆烫约1分钟后捞起冲凉，再挤干水分，切成小段备用。
3. 将菠菜段、盐与面糊一起调匀。
4. 热锅，加入色拉油，再均匀倒入调匀的面糊，以小火煎约1分钟让面糊稍微凝固后翻面，用锅铲用力压平、压扁，压成面饼，并不时用锅铲转动面饼，煎至表面呈金黄色时翻面，将另一边也煎至呈金黄色即可。

# 墨鱼泡菜煎饼

 材料

A. 墨鱼100克、韩式泡菜80克、韭菜20克、蒜末5克、色拉油适量
B. 中筋面粉100克、糯米粉30克、水130毫升、蛋液10克

调味料

盐1/4小匙、糖1/4小匙

做法

1. 墨鱼洗净，切小片；韩式泡菜挤汁，切小段；韭菜洗净，切小段，将头部与尾部分开备用。
2. 热锅，倒入1大匙色拉油，爆香蒜末与韭菜头部，接着放入墨鱼片与所有调味料，快速拌炒至约五分熟，取出备用。
3. 将中筋面粉、糯米粉放入容器中，加入水拌匀，再加入蛋液拌匀，静置约15分钟，再加入炒好的材料、泡菜段、韭菜尾部拌匀，制成墨鱼泡菜面糊，备用。
4. 平底锅加热，倒入适量色拉油，再加入墨鱼泡菜面糊，用小火煎至两面皆金黄熟透即可。

单元 ❹ 面饼篇

# 墨鱼芹菜煎饼

### 材料

A. 墨鱼片120克、芹菜末50克、青蒜丝40克、红辣椒丝10克、胡萝卜丁15克、色拉油适量
B. 低筋面粉80克、糯米粉20克、地瓜粉30克、水160毫升

### 调味料

盐1/4小匙、糖1小匙、胡椒粉少许、乌醋1小匙

### 做法

1. 将胡萝卜丁放入沸水中汆烫一下，再放入墨鱼片汆烫一下，捞出备用。
2. 将低筋面粉、糯米粉、地瓜粉过筛，再加入水一起搅拌成糊状，静置约40分钟，备用。
3. 将做法1、做法2的材料与所有调味料及所有配料拌匀，制成墨鱼芹菜面糊，备用。
4. 平底锅加热，倒入适量色拉油，再加入墨鱼芹菜面糊，用小火煎至两面皆金黄熟透即可。

# 银鱼苋菜煎饼

### 材料

A. 银鱼60克、玉米粒50克、色拉油适量
B. 中筋面粉80克、糯米粉20克、澄粉20克、苋菜叶130克、水120毫升、盐1/2小匙

### 调味料

胡椒粉少许、糖1小匙、香油1/2小匙

### 做法

1. 苋菜叶洗净，放入果汁机中，加入水、盐一起打成苋菜汁，备用。
2. 中筋面粉、糯米粉、澄粉过筛，加入苋菜汁一起搅拌成糊状，静置约30分钟，再加入所有调味料、银鱼及玉米粒拌匀，制成银鱼苋菜面糊，备用。
3. 平底锅加热，倒入适量色拉油，再加入银鱼苋菜面糊，用小火煎至两面皆金黄熟透即可。

# 大阪烧

### 🍳 材料

A. 猪肉片70克、圆白菜130克、胡萝卜30克、葱1根、红辣椒1个、色拉油适量、淀粉1小匙
B. 水100毫升、鸡蛋2个、低筋面粉130克、山药泥180克

### 🧂 调味料

A. 黑胡椒粉少许
B. 柴鱼素1大匙、海苔粉1大匙、七味辣椒粉1小匙、烧肉酱2大匙、蛋黄酱适量
C. 蒜末1小匙、香油少许、米酒1小匙、酱油1小匙

### 🍚 做法

1. 猪肉片中加淀粉和调味料C拌匀腌渍10分钟；圆白菜、胡萝卜洗净切丝；红辣椒与葱洗净切碎，备用。
2. 将材料B混合搅拌均匀，静置约15分钟，再将做法1的材料与调味料A加入调好的面糊中，轻轻搅拌均匀。
3. 热平底锅，加入1大匙色拉油，加入面糊，以中小火煎至双面呈金黄色后，取出盛盘，加入调味料B即可。

# 广岛烧

### 🍳 材料

A. 猪肉片80克、圆白菜丝50克、豆芽菜30克、洋葱丝20克、葱花1大匙、油面80克、鸡蛋1个、色拉油适量
B. 中筋面粉100克、粘米粉30克、水160毫升

### 🧂 调味料

鲣鱼酱油1小匙、味醂1小匙、糖1/4小匙、盐1/2小匙

### 🍚 做法

1. 炒锅加热，加入少许色拉油，将圆白菜丝、洋葱丝、豆芽菜、猪肉片和油面炒香，加入盐以外的所有调味料炒匀，备用。
2. 将盐和材料B混合搅拌均匀备用。
3. 平底锅中倒入2大匙色拉油烧热，再倒入做法2的面糊，煎至半成型后，放入做法1的材料煎脆，最后加入打散的鸡蛋，煎至鸡蛋呈金黄色即可。

单元 ④ 面饼篇

# 摊饼皮

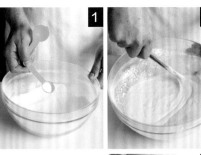

材料

中筋面粉300克、盐6克、水450毫升、葱花30克、色拉油适量

做法

1. 将中筋面粉过筛，加盐稍微拌匀后，倒入水拌匀，再以筷子拌打至面糊略浓稠有筋性，最后加入葱花拌匀备用（见图1~3）。
2. 取平底锅，倒入1大匙色拉油烧热，约分5次倒入适量拌好的摊饼面糊（见图4），稍稍转动锅身，让面糊可平均摊平（见图5），再以小火将饼皮煎至两面微黄即可（见图6）。

# 蛋饼

 材料

摊饼1块（做法请见P206）、鸡蛋1
个、辣椒酱少许、色拉油适量

做法

1. 鸡蛋打入碗中，搅散备用。
2. 取平底锅，倒入1大匙色拉油烧热，
   放入摊饼，以中小火煎至金黄，盛
   出备用。
3. 锅继续烧热，倒入蛋液，盖上煎好
   的摊饼，煎至香味溢出后翻面，再
   以小火续煎约1分钟。
4. 食用前淋上辣椒酱即可。

# 蔬菜摊饼

 材料

摊饼1块（做法请见
P206）、鸡蛋3个、
圆白菜100克、色拉
油适量

 调味料

盐1/6小匙

 做法

1. 圆白菜洗净后切丝备用。
2. 鸡蛋打入碗中，打散后加入盐及圆白菜丝，
   拌匀成蔬菜蛋液备用。
3. 取平底锅，加入1大匙色拉油烧热，放入摊
   饼煎至金黄，再加入蔬菜蛋液，小火慢煎至
   蛋液凝固定型后翻面，继续煎约2分钟至熟
   透，盛出切片即可。

单元 ④ 面饼篇

# 锅饼

材料

中筋面粉100克、鸡蛋1个、吉士粉10克、水150毫升、色拉油适量

做法

1. 将中筋面粉和吉士粉混合，筛入盆中（见图1），加水拌匀，再以筷子拌打至面糊略浓稠有筋性（见图2~3），加入鸡蛋拌匀备用（见图4~5）。
2. 取平底锅，抹上少许色拉油烧热，倒入一半面糊摊平（见图6），以小火将单面煎至微黄后盛出，重复前述做法，煎好另一张饼皮即可。

# 豆沙锅饼

## 🍠材料

锅饼2块（做法请见P208）、豆沙40克、花生粉适量、色拉油适量

### 美味秘诀

　　锅饼还要包馅再煎一次，所以煎饼皮时不需要煎太久，只要饼皮的颜色均匀熟了即可起锅，煎太久水分会散失过多，再次煎就会失去酥软的口感，变得越来越脆硬。

## 🥣做法

1. 将豆沙放入蒸笼中蒸软后，分成两等份备用（见图1）。
2. 锅饼摊平，均匀抹上豆沙（见图2），从左右两边各1/3的位置折至中心线后，再对折成长条形备用（见图3）。
3. 取平底锅，加入1大匙油烧热，放入豆沙锅饼以小火煎至两面金黄（见图4~5），取出，切小块盛盘，食用前撒上花生粉即可。

单元 ⑤

# 西式面食篇

特别为爱吃西式面食的你，介绍意大利面和披萨等的做法，让你享受异国美食不用出门！

# 意大利面常用 底酱

## 西红柿酱

★材料★
西红柿400克、蒜碎10克、洋葱碎50克、香草束1束、帕玛森奶酪粉100克、橄榄油1大匙、盐1小匙

★做法★
1. 将西红柿去籽、捏碎后，以滤网过滤并保留汤汁备用。
2. 取深锅，倒入橄榄油加热，先放入蒜碎以小火炒香，再放入洋葱碎炒软后，放入香草束拌炒。
3. 将西红柿碎、西红柿汁一起加入锅中，以小火熬煮15～20分钟至汤汁收干至约剩2/3时，加入帕玛森奶酪粉拌匀，并以盐调味即可。

备注：材料中的香草束可以自己DIY，只要将月桂叶（1片）、西芹（1段）、胡萝卜条（1小条）、新鲜罗勒茎（1小条）以棉线绑成一束即可。

## 奶油白酱

★材料★
无盐奶油60克、低筋面粉60克、鲜奶960毫升、盐1.5小匙

★做法★
1. 取深锅，将无盐奶油放入锅中，以小火煮至融化。
2. 将低筋面粉放入锅中，用打蛋器均匀搅拌成面糊。
3. 将鲜奶加热后倒入锅中，用力搅拌至无颗粒。
4. 以小火煮至持续滚沸2～3分钟即关火，继续搅拌至黏稠，再加盐调味即可。

## 罗勒青酱

★材料★
橄榄油300毫升、松子仁70克、罗勒40克、蒜末60克、黑胡椒粉1小匙、奶酪粉1大匙、意大利香料1/4小匙、巴西里末1/2小匙、西芹碎50克、盐1/2小匙、糖1大匙

★做法★
1. 热锅中加入橄榄油，热至油温约160℃，将松子仁下锅。
2. 炸2～3分钟至松子仁呈金黄色后捞起，放在网架上，沥干油备用。
3. 将罗勒、蒜末放入果汁机中。
4. 将沥干油分后的松子仁也放入果汁机中。
5. 将其余材料都放入后，倒入少许橄榄油（分量外），约至材料高度的1/3。
6. 启动果汁机将材料打碎混合即可。

# 西红柿肉酱意大利面

材料
意大利圆直面100
克、奶酪粉15克、
巴西里末1/2小匙

调味料
西红柿肉酱200克

做法

1. 将意大利圆直面放入沸水中，在水中加入少许
   盐和橄榄油（皆材料外），煮8～10分钟至面
   熟后捞起，摆入盘中。
2. 将西红柿肉酱淋入面上，撒上奶酪粉和巴西里
   末即可。

## 西红柿肉酱

**材料：**猪肉泥200克、西红柿2个、洋葱
1/2个、蒜末1小匙、西红柿糊1大匙、番
茄酱2大匙、水200毫升、色拉油适量
**调味料：**盐1/2小匙、糖2小匙、鸡粉1/2
小匙
**做法：**1.洋葱洗净切丁；西红柿用热水略
烫，去皮切丁。2.热锅，加入1大匙色拉
油，放入猪肉泥炒至肉发白，加入洋葱
丁、蒜末，炒至金黄后，加入西红柿糊和
番茄酱炒香。3.加入水、调味料，煮至
汤汁浓稠即可。

# 西红柿意大利面

 材料

意大利圆直面100克、胡萝卜丁1/3
条、奶酪粉15克、百里香适量

调味料

西红柿酱5大匙（做法见P212）

做法

1. 将意大利圆直面放入沸水中，水中
   加入1大匙橄榄油和1小匙盐（皆材
   料外），煮约8分钟至面软化且熟
   后，捞起泡入冷水中，再加入1小
   匙橄榄油（材料外），搅拌均匀，
   放凉备用。
2. 取平底锅，倒入西红柿酱加热拌
   匀，再放入胡萝卜丁煮至软。
3. 放入意大利圆直面混合拌匀，略煮
   一下盛盘，再撒上奶酪粉并以百里
   香装饰即可。

# 烤西红柿肉酱千层面

 材料

意大利千层面5张、
巴西里末1小匙

 调味料

西红柿肉酱5大匙（做法见
P213）、奶酪丝50克、奶
酪粉1大匙

 做法

1. 煮一锅沸水，将千层面放入其中，在水中加入1
   大匙橄榄油和1小匙盐（皆材料外），煮约8分钟
   至千层面软化且熟后，一张张小心捞起，泡入冷
   水中，再加入1小匙橄榄油（材料外），搅拌均
   匀放凉备用。
2. 取一长形烤皿，用厨房纸巾在盘底抹上薄薄一层橄
   榄油（材料外）。
3. 在烤皿中摆入一张千层面，抹上一层西红柿肉
   酱，再撒上适量奶酪丝。
4. 盖上一层千层面，抹上西红柿肉酱，再撒上适量
   奶酪丝，重复此步骤至千层面、西红柿肉酱和奶
   酪丝用完，放入预热好的烤箱中，以200℃的温
   度烤约10分钟至表面奶酪丝融化且上色后取出，
   再于表面撒上适量巴西里末和奶酪粉即可。

# 培根奶油意大利面

材料

笔管面100克、培根3片、洋葱丝150克、蒜片20克、西芹丁50克、胡萝卜丁50克、巴西里末适量

调味料

奶油白酱5大匙（做法请见P212）、意大利综合香料1/2小匙、盐1/6小匙、黑胡椒少许

做法

1. 煮一锅沸水，将笔管面放入，在水中加入1大匙橄榄油和1小匙盐（皆材料外），煮约8分钟至笔管面软化且熟后，捞起泡入冷水中，再加入1小匙橄榄油（材料外），搅拌均匀，放凉备用。
2. 取炒锅，先加入1大匙橄榄油（材料外），放入培根片炒香，再加入胡萝卜丁、洋葱丝、西芹丁拌炒，接着加入奶油白酱拌匀，继续加入其余调味料拌煮均匀，最后加入笔管面，混合拌煮至面条入味后，撒上巴西里末即可。

# 焗烤海鲜通心面

材料

通心面100克、蟹肉棒5根、鲷鱼1片、洋葱1/3颗、胡萝卜1/5根、奶酪丝50克、水适量

调味料

奶油白酱5大匙（做法请见P212）、盐1/6小匙、黑胡椒少许

做法

1. 煮一锅沸水，在水中加入1大匙橄榄油和1小匙盐（皆材料外），将通心面放入沸水中，煮约8分钟至面熟后，捞起泡入冷水中，再加入1小匙橄榄油（材料外），搅拌均匀，放凉备用。
2. 洋葱洗净切丝；胡萝卜洗净切丁；鱼片切块，备用。
3. 取炒锅，加入1大匙橄榄油（材料外），先放入洋葱丝炒香，再加入胡萝卜丁炒软，接着放入奶油白酱，继续加入鱼块、蟹肉棒和其余调味料，拌煮均匀后，再加入通心面拌匀。
4. 取烤皿，放入做法3的材料，在表面均匀地撒上奶酪丝，接着放入预热好的烤箱中，以200℃的温度烤约10分钟，至表面奶酪丝呈金黄色且融化即可。

单元 ❺ 西式面食篇

# 青酱鳀鱼意大利面

 材料

宽扁面100克、小鳀鱼（罐头装）5条、蛤蜊150克、洋葱丝100克、西芹末50克、蒜片20克、松子仁10克

调味料

罗勒青酱5大匙（做法请见P212）

做法

1. 煮一锅沸水，在水中加入1大匙橄榄油和1小匙盐（皆材料外），放入宽扁面，煮约8分钟至面熟后捞起，泡入冷水中，加入1小匙橄榄油（材料外），拌匀放凉。
2. 取炒锅，加入1大匙橄榄油（材料外），先放入松子仁、洋葱丝、西芹丁和蒜末炒香，再放入蛤蜊、水（材料外）拌煮均匀。
3. 加入宽扁面，略煮后加入罗勒青酱拌煮，再放入小鳀鱼、黑胡椒和盐，拌煮至入味即可。

# 青酱鲜虾培根面

 材料

意大利面100克、培根2片、鲜虾10尾、洋葱1/2个、蒜仁2颗、罗勒2根

调味料

罗勒青酱5大匙（做法请见P212）

做法

1. 煮一锅沸水，在水中加入1大匙橄榄油和1小匙盐（皆材料外），将意大利面放入沸水中，煮约8分钟至面熟后捞起，泡入冷水中，再加入1小匙橄榄油（材料外），搅拌均匀，放凉备用。
2. 培根和洋葱皆切丁；蒜仁切片；鲜虾挑除虾肠后烫熟，剥去虾壳，备用。
3. 取炒锅，先加入1大匙橄榄油（材料外），放入培根丁炒至变色，再放入洋葱丁、蒜片拌炒均匀。
4. 加入罗勒青酱、罗勒拌匀，再加入鲜虾，最后加入意大利面稍微拌煮均匀即可。

# 披萨饼皮 基本材料

## 橄榄油

意大利著名的橄榄油，当然是做披萨时的油品首选，不但健康也更有道地的风味。在制作饼皮上，油可以使饼皮口感外酥内嫩，同时也能使香味更浓郁。橄榄油有等级之分，等级越高，风味越醇厚，但无论哪种等级都可以用来制作披萨。

## 盐

盐是饼皮基本的调味料，少许盐可使饼皮的味道更美，但因为盐的浓度会影响酵母的活性，所以用量不宜过多，如果喜欢口味重一点，可以在酱料的调味上作调整。

## 面粉

面粉是制作饼皮的主要原料，有高筋、中筋、低筋等不同筋度选择，想做出松软的饼皮就以低筋面粉为主，而想要有劲道就选择高筋面粉。制作时可将高筋、低筋混合使用，以调配出最佳的口感。面粉容易受潮、遭受虫害，保存时必须特别注意妥善密封，并放置在通风阴凉处。使用前别忘记要先过筛，以方便混合与拌揉。

## 酵母粉

酵母粉是使面团发酵产生香味与口感的重要材料，在与其他材料混合之前，必须先与温水调匀，好让酵母恢复活性、发挥作用，为了保持酵母的活性，在保存时要注意远离高温与潮湿，最好避免光照。

单元⑤ 西式面食篇

# 披萨厚片面团

## 材料

高筋面粉600克、水330毫升、橄榄油30毫升、速溶酵母粉5克

## 调味料

细砂糖18克、盐6克

## 做法

1. 将速溶酵母粉倒入水中，搅拌均匀。
2. 取一搅拌盆，放入高筋面粉，倒入做法1的材料后搅拌，依序加入细砂糖、盐、橄榄油，拌匀成团（见图1~2）。
3. 取出面团，置于工作台上揉压、甩打成光滑面团后，放入钢盆，盖上保鲜膜醒约20分钟（见图3~4）。
4. 取出醒好的面团，分割为适当大小后滚圆，整齐地放入容器中，盖上保鲜膜，放入冰箱冷藏约1小时即可（见图5）。

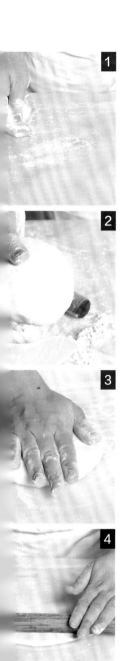

# 披萨厚片饼皮

🍕 材料

厚片面团200克（做法见P218）

做法

1. 在工作台上撒少许高筋面粉，以防粘连（见图1）。
2. 从冰箱中取出1份冷藏发酵过的厚片面团，沾上少许高筋面粉（见图2）。
3. 将面团置于工作台上，轻压成饼状，以擀面棍擀成圆形厚片即可（见图3~4）。

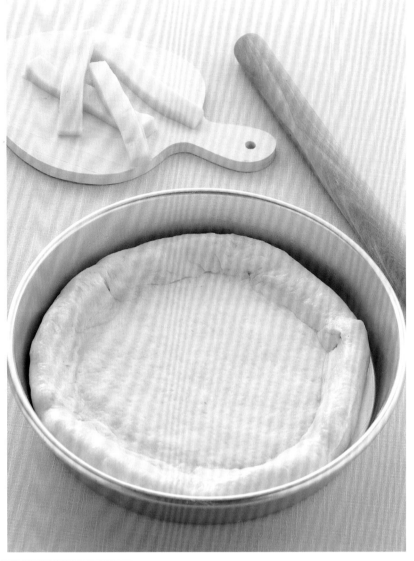

# 披萨芝心饼皮

 材料

厚片面团250克（做法请见P218）、
玛兹拉奶酪100克

 做法

1. 将玛兹拉奶酪切成宽约1厘米的长条（见图1），备用。
2. 在工作台上撒少许高筋面粉，从冰箱中取出1份冷藏发酵过的厚片面团，沾上少许高筋面粉，将面团轻压成饼状，以擀面棍擀成圆形厚片（见图2）。
3. 在厚片饼皮外围包进玛兹拉奶酪条，仔细压合饼皮，确定玛兹拉奶酪条无外漏即可（见图3~5）。

# 披萨奶酪卷心饼皮

🍞材料

厚片面团300克（做法请见P218）、高熔点切达奶酪120克

🍲做法

1. 将高熔点切达奶酪切成宽约1厘米的长条备用。
2. 在工作台上撒少许高筋面粉，从冰箱中取出1份冷藏发酵过的厚片面团，沾上少许高筋面粉，将面团轻压成饼状，以擀面棍擀成圆形厚片。
3. 在厚片饼皮外围包进高熔点切达奶酪条，仔细压合饼皮，确定高熔点切达奶酪条无外漏（见图1）。
4. 利用蛋糕分割器将外围奶酪卷压出10等份压线，每一等份再分成2份，切出20等份（见图2~3）。
5. 依序将分切好的外围奶酪卷拉开，再垂直卷起即可（见图4~5）。

# 超级海陆披萨

材料

厚片饼皮200克（做法请见P219）、茄汁酱1大匙、洋葱丝8克、青椒丝8克、美式腊肠片10克、牛肉丸10克、墨鱼条10克、蟹肉丝10克、黑橄榄片5克、披萨用奶酪丝100克

做法

1. 取一张厚片饼皮备用。
2. 舀1大匙茄汁酱，倒在饼皮中心，用汤匙底部将茄汁酱从中心向外画圆圈至饼皮外缘，留约1厘米的饼皮外缘不涂抹。
3. 在饼皮上先铺上少许披萨用奶酪丝，再将其余材料依序排列在饼皮上。
4. 在排好的披萨上再撒上适量披萨用奶酪丝，放入已预热的烤箱，以上火、下火均为250℃的温度烘烤8～10分钟，烤至披萨呈金黄色后出炉即可。

# 龙虾沙拉披萨

材料

厚片饼皮1张（做法见P219）、双色奶酪丝150克、小龙虾肉150克、口蘑30克、洋葱10克、虾卵1大匙、水菜少许

调味料

蛋黄酱3大匙

做法

1. 小龙虾肉、口蘑洗净，切片；洋葱洗净，去皮切末，备用。
2. 将2/3分量的双色奶酪丝撒在厚片饼皮上，铺上小龙虾肉、口蘑片、洋葱末。
3. 撒上剩余的1/3分量的奶酪丝。
4. 烤箱预热至上火250 ℃、下火100 ℃，放入做好的披萨烤8~10分钟。
5. 取出披萨，挤上蛋黄酱，再撒上虾卵及水菜即可。

单元 ⑤ 西式面食篇

# 乡村鲜菇总汇披萨

材料

厚片饼皮200克（做法请见P219）、西红柿片10克、菠萝片20克、鲜香菇片10克、蘑菇片10克、披萨用奶酪丝100克

调味料

罗勒青酱1大匙（做法请见P212）

做法

1. 取一张厚片饼皮备用。
2. 舀1大匙罗勒青酱倒在饼皮中心，用汤匙底部将罗勒青酱从中心向外画圆圈至饼皮外缘，留约1厘米的饼皮外缘不涂抹。
3. 在饼皮上先铺上少许披萨用奶酪丝，再将其余材料依序排列在饼皮上。
4. 在排好的披萨上方再撒上适量披萨用奶酪丝，放入已预热的烤箱，以上火、下火均为250℃的温度烘烤8～10分钟，至披萨呈金黄色后出炉即可。

# 墨西哥辣味披萨

材料

厚片饼皮1片（做法请见P219）、双色奶酪丝150克、牛肉50克、洋葱30克、黄甜椒20克、辣椒粉1小匙、罗勒叶末适量

调味料

番茄酱2大匙、黑胡椒酱1小匙

做法

1. 牛肉切片，以黑胡椒酱腌渍10分钟；洋葱、黄甜椒洗净切片，备用。
2. 将番茄酱放入厚片饼皮中央，以汤匙均匀涂开，放入2/3分量的双色奶酪丝。
3. 铺上黑胡椒牛肉片、洋葱片、黄甜椒片及辣椒粉后，撒上剩余1/3分量的双色奶酪丝。
4. 烤箱预热至上火250℃、下火100℃，放入披萨烤8～10分钟，撒上罗勒叶末即可。

# 日式章鱼烧芝心披萨

🫑 **材料**

芝心饼皮250克（做法请见P220）、章鱼片15克、洋葱片10克、圆白菜丝20克、柴鱼片5克、海苔粉10克、披萨用奶酪丝100克

🧂 **调味料**

照烧酱汁1大匙、蛋黄酱30克

🍲 **做法**

1. 取一张芝心饼皮备用。
2. 舀1大匙照烧酱汁倒在饼皮中心，用汤匙底部将照烧酱汁从中心向外画圆圈至饼皮外缘。
3. 在饼皮上先铺上少许披萨用奶酪丝，再将章鱼片和洋葱片依序排列在饼皮上。
4. 在排好的披萨上撒上适量披萨用奶酪丝，放入已预热的烤箱，以上火、下火均为250 ℃的温度烘烤8～10分钟，至披萨呈金黄色后出炉，铺上圆白菜丝，再以蛋黄酱挤出格状装饰，最后撒上海苔粉和柴鱼片即可。

## 照烧酱汁

<u>材料</u>：柴鱼酱油50毫升、味醂50毫升、细砂糖50毫升、麦芽糖50克、米酒100毫升
<u>做法</u>：取锅，倒入所有材料，以中小火煮至酱汁滚沸浓稠即可。

# 披萨薄脆面团

材料

高筋面粉480克、低筋面粉
120克、水360毫升、橄榄油
30毫升、速溶酵母粉2克

调味料

盐6克

做法

1. 将速溶酵母粉加水搅拌均匀。
2. 取一搅拌盆，放入高筋面粉和低筋面粉，倒入做法1材料后搅拌，依序加入盐、橄榄油拌匀成团（见图1）。
3. 取出面团，置于工作台上揉压、甩打成光滑的面团后放入钢盆，盖上保鲜膜醒约20分钟（见图2）。
4. 取出醒好的面团，分割为适当大小后滚圆，整齐地放入容器中，盖上保鲜膜，放入冰箱冷藏约1小时即可（见图3~5）。

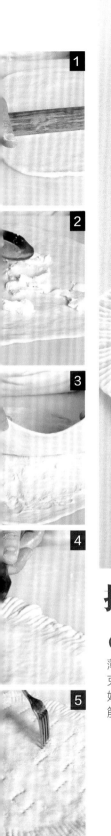

# 披萨双层夹心饼皮

**🫓 材料**

薄脆面团2份（各180克，做法请见P226）、奶油奶酪100克、高筋面粉适量

**🍚 做法**

1. 在工作台上撒少许高筋面粉。
2. 从冰箱中取出2份冷藏发酵过的薄脆面团，沾上少许高筋面粉。
3. 将面团依序置于工作台上轻压成饼状，以擀面棍擀开（见图1），拿起薄脆饼皮用手掌左右甩动，将薄脆饼皮甩大、甩薄，即成2张薄脆饼皮。
4. 取一张薄脆饼皮，抹上一层奶油奶酪（外围留约1.5厘米不抹），盖上另一张薄脆饼皮，用叉子将周围一圈紧密压合成一张饼皮（见图2~4）。
5. 在饼皮中心以叉子叉洞即可（见图5）。

# 披萨薄脆饼皮

 材料

薄脆面团180克（做法请见P226）、
高筋面粉适量

 做法

1. 在工作台上撒少许高筋面粉。
2. 从冰箱中取出1份冷藏发酵过的薄脆面团，沾上少许高筋面粉（见图1）。
3. 将面团置于工作台上轻压成饼状，以擀面棍擀开，拿起薄脆饼皮用手掌左右甩动，将其甩大、甩薄即可（见图2~5）。

# 玛格利特西红柿奶酪披萨

 材料

薄脆饼皮180克（做法请见P228）、西红柿片5片、玛兹拉奶酪丝100克、罗勒叶5片

调味料

西红柿酱1大匙（做法请见P212）

做法

1. 取一张薄脆饼皮备用。
2. 舀1大匙西红柿酱倒在饼皮中心，用汤匙底部将西红柿酱从中心向外画圆圈至饼皮外缘，留约1厘米的饼皮外缘不涂抹。
3. 在饼皮上铺上西红柿片和玛兹拉奶酪丝，放入已预热的烤箱，以上火、下火均为250℃的温度烘烤8～10分钟，至披萨呈金黄色后出炉，摆上罗勒叶即可。

# 法式青蒜披萨

 材料

薄脆饼皮180克（做法请见P228）、青蒜丝20克、披萨用奶酪丝100克

调味料

奶油白酱1大匙（做法请见P212）

做法

1. 取一张薄脆饼皮备用。
2. 舀1大匙奶油白酱倒在饼皮中心，用汤匙底部将奶油白酱从中心向外画圆圈至饼皮外缘，留约1厘米的饼皮外缘不涂抹。
3. 在饼皮上先铺上少许披萨用奶酪丝，再将青蒜丝依序排列在饼皮上。
4. 在排好的披萨上再撒上适量披萨用奶酪丝，放入已预热的烤箱，以上火、下火均为250℃的温度烘烤8～10分钟，烤至披萨呈金黄色后出炉，再摆上少许青蒜丝（分量外）即可。

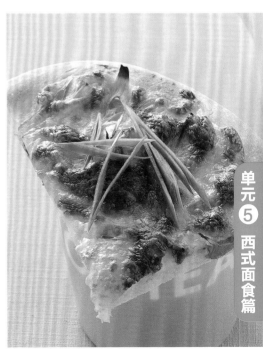

单元 **5** 西式面食篇

# 罗勒三鲜披萨

 材料

薄脆饼皮180克（做法请见P228）、墨鱼条15克、虾仁10尾、蟹肉丝8克、披萨用奶酪丝100克

调味料

罗勒青酱1大匙（做法请见P212）

做法

1. 取一张薄脆饼皮备用。
2. 舀1大匙罗勒青酱，倒在饼皮中心，用汤匙底部将罗勒青酱从中心向外画圆圈至饼皮外缘，留约1厘米的饼皮外缘不涂抹。
3. 在饼皮上先铺上少许披萨用奶酪丝，再将其余材料依序排列在饼皮上方。
4. 在排好的披萨上再撒上适量披萨用奶酪丝，放入已预热的烤箱，以上火、下火均为250℃的温度烘烤8~10分钟，至披萨呈金黄色后出炉即可。

# 意式香草披萨

 材料

薄脆饼皮1张（做法请见P228）、双色奶酪丝150克、意式香肠50克、洋葱10克、口蘑10克、西红柿片100克、高熔点奶酪丁10克、意式综合香料1小匙

调味料

西红柿酱2大匙（做法请见P212）

做法

1. 将意式香肠、洋葱切丁；口蘑洗净切片，备用。
2. 将西红柿酱放入脆薄饼皮中央，以汤匙均匀涂开，放入2/3分量的双色奶酪丝。
3. 撒入意式香肠丁、口蘑片、洋葱丁、西红柿片及高熔点奶酪丁，再撒上剩余1/3分量的双色奶酪丝及意式综合香料。
4. 烤箱预热至上火250℃、下火100℃，放入披萨烤约8分钟即可。

# 蔬茄双色披萨

 **材料**

双层夹心饼皮180克（做法请见P227）、西红柿片5片、蘑菇片5片、茄片5片、黑橄榄片5片、红切达奶酪片5片、玛兹拉奶酪片5片、披萨用奶酪丝30克

 **调味料**

西红柿酱1/2大匙、罗勒青酱1/2大匙（做法均请见P212）

**做法**

1. 取一张双层夹心饼皮备用。
2. 舀1/2大匙罗勒青酱涂满半张饼皮，另一半则涂满1/2大匙西红柿酱，饼皮外缘留约1厘米不涂抹。
3. 在饼皮上先铺上少许披萨用奶酪丝；在罗勒青酱旁边铺上西红柿片、蘑菇片以及红切达奶酪片；西红柿酱旁边则铺上茄片、玛兹拉奶酪片以及黑橄榄片。
4. 将排好的披萨放入已预热的烤箱，以上火、下火均为250℃的温度烘烤8~10分钟，烤至披萨呈金黄色后出炉即可。

# 肉桂苹果披萨

 **材料**

薄脆饼皮1片（做法请见P228）、苹果500克、无盐奶油1大匙、柠檬皮丝适量、糖粉1大匙、水200毫升

**调味料**

糖2大匙、朗姆酒2大匙、肉桂粉1小匙

**做法**

1. 苹果去皮、去核，切成瓣备用。
2. 烧热平底锅，加入无盐奶油、苹果瓣煎香后，加入200毫升水及所有调味料，以小火慢慢煮至苹果焦香浓稠，离火备用。
3. 在薄脆饼皮上整齐排入肉桂苹果。
4. 烤箱预热至上火200℃、下火100℃，放入披萨烤10~12分钟取出，撒上糖粉与柠檬皮丝即可。

单元 **5** 西式面食篇

# 培根乡村沙拉披萨

### 材料
双层夹心饼皮180克（做法请见P227）、鸡蛋1个、培根2片、水菜叶适量、披萨用奶酪丝100克、帕玛森奶酪粉适量

### 调味料
罗勒青酱1大匙（做法请见P212）

### 做法
1. 取一张双层夹心饼皮备用；培根切片备用。
2. 舀1大匙罗勒青酱，倒在饼皮中心，用汤匙底部将酱汁从中心向外画圆圈至饼皮外缘，留约1厘米的饼皮外缘不涂抹。
3. 在饼皮上先铺上少许披萨用奶酪丝，再将培根片排列在饼皮上，并在饼皮中心打入一个鸡蛋。
4. 在排好的披萨上再撒上适量披萨用奶酪丝，放入已预热的烤箱，以上火、下火均为250℃的温度烘烤8～10分钟，烤至披萨呈金黄色后出炉，撒上帕玛森奶酪粉、摆上水菜叶即可。

# 青酱烤鸡披萨

### 材料
薄脆饼皮1片（做法请见P228）、玛兹拉奶酪100克、洋葱20克、西红柿10克、蘑菇10克、鸡腿肉50克、橄榄油1/2小匙、意大利综合香料1/4小匙

### 调味料
罗勒青酱2大匙（做法请见P212）

### 做法
1. 玛兹拉奶酪切小片；洋葱去皮切丁；西红柿、口蘑均洗净切丁，备用。
2. 鸡腿肉以橄榄油及意大利综合香料腌渍10分钟后，放入烤箱以上下火均为180℃的温度烤约2分钟，取出切丁备用。
3. 将罗勒青酱放入意式脆薄饼皮中央，以汤匙均匀涂开，放入玛兹拉奶酪片、洋葱丁、西红柿丁、蘑菇丁及烤鸡腿肉丁。
4. 烤箱预热至上火250℃、下火100℃，放入披萨烤8～10分钟即可。